西安石油大学优秀学术著作出版基金资助

新型超表面天线

杨佩　著

U0263394

中国石化出版社
·北京·

图书在版编目（CIP）数据

新型超表面天线 / 杨佩著 . — 北京：中国石化出版社，2024.5

ISBN 978-7-5114-7503-9

Ⅰ . ①新… Ⅱ . ①杨… Ⅲ . ①天线—研究 Ⅳ . ① TN82

中国国家版本馆 CIP 数据核字（2024）第 086310 号

中国石化出版社出版发行

地址：北京市东城区安定门外大街 58 号

邮编：100011　电话：（010）57512500

发行部电话：（010）57512575

http ：// www. sinopec-press. com

E–mail：press@sinopec.com

北京鑫益晖印刷有限公司印刷

全国各地新华书店经销

*

710 毫米 ×1000 毫米 16 开本 10.25 印张 166 千字

2024 年 5 月第 1 版　2024 年 5 月第 1 次印刷

定价：66.00 元

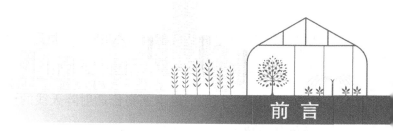
  随着科学技术的不断发展，通信系统的用户需求激增，无线通信系统逐渐朝着多功能、复杂化的方向发展，从而导致系统上集成的天线越来越多，逐渐形成了大规模天线系统，增加了系统的建设成本和维护成本。为了减少无线通信系统上天线之间的电磁耦合，降低无线通信系统的复杂性并节约制造成本，无线通信领域的许多学者尝试研究低成本且结构简单的新型天线。在这一背景下，超表面由于在电磁波调控方面具有独特能力，已经被广泛应用于不同类型的天线设计中实现新型超表面天线，以提升天线的整体性能，同时简化天线结构、实现天线的小型化。

  天线的形式多种多样，在本书中重点讨论谐振腔天线、反射阵天线以及透射阵天线的研究与设计。全书共分为四章。第 1 章主要介绍了超表面、谐振腔天线、反射阵天线及透射阵天线的发展现状和趋势；第 2 章详细讨论了三种新型超表面谐振腔天线，包括基于空间角度滤波超表面的新型二维双波束频扫谐振腔天线、基于线圆极化分波超表面的新型双波束双圆极化谐振腔天线、基于多极化部分反射超表面的新型多极化谐振腔天线；第 3 章重点介绍了三种新型超表面反射阵天线，首先完成了线极化选择超表面、线极化转换超表面、双频线圆极化转换超表面、多功能超表面的设计，并基于以上几种超表面的相互组合设计了新型低剖面极化扭转的卡塞格伦反射阵天线、新型双频双圆极化折叠反射阵天线以及新型低剖面双圆极化多波束折叠反射阵天线；第 4 章主要介绍了新型超表面透射阵天线，首先基于反射型与透射型超表面完成了新型一维卡塞格伦透射阵天线的设计，其次基于第 2 章的线圆极化分波超表面、第 3 章的线圆极化转换超表面和线极化转换超表面完成了新型宽带双波束双圆极化透射阵天线和新型低剖面圆极化涡旋波折叠透射阵天线的设计。

希望本书的内容能够帮助读者快速掌握超表面和新型超表面天线的设计，从而能够促进超表面天线领域的研究发展。由于作者水平有限，书中难免存在不足之处，恳请广大读者提出宝贵的意见或建议。

目 录

第❹章　新型超表面透射阵天线

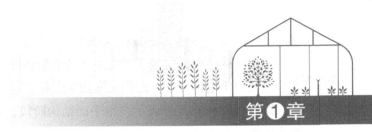

第**①**章

绪论

天线作为无线通信系统中的核心器件，其性能指标的优劣会对整个无线通信系统产生较大的影响，因此一个性能良好的天线是无线通信系统正常工作的关键。特别是随着雷达、卫星、航天等技术的飞速发展，对天线的电性能指标提出了越来越严格的要求，高增益天线在远距离通信系统中一直扮演着重要的角色。谐振腔天线、反射阵天线和透射阵天线均属于高增益天线，本书将重点介绍这三类天线的研究。

超表面作为一种人工复合新材料，是由一系列亚波长单元组成的超薄二维平面阵列结构，可以灵活地操纵电磁波，且在实现波前控制、涡旋波束的产生、极化转换、RCS（雷达散射截面）缩减、电磁隐身、全息成像等领域具有潜在的研究价值。

本书综合了超表面的特殊电磁特性，将超表面应用于谐振腔天线、反射阵天线和透射阵天线的设计中，使其具备了天线的波束指向控制、高增益辐射、极化转换、极化分波和双频段工作的能力。

1.1 超表面的发展现状和趋势

超表面是一种特殊形式的二维电磁超材料，其概念最早源于苏联物理学家Veselago 在 1968 年提出的负折射电磁材料（左手材料），即相对介电常数和磁导率同时为负。但是受限于当时的技术，研究仅停留在理论阶段。直到 1996 年和 1999 年，Pendry 教授等人分别提出了金属导线结构（等效相对介电常数为负值）和开口谐振环结构（等效磁导率为负值），自此以后电磁超材料才引起了广泛关注，并出现了大量的研究，如电磁隐身器件、电磁透镜、电磁波旋转器等。

2011 年，超表面的概念被首次提出，相比之前三维立体形式的电磁超材料结构，二维超薄平面形式的超表面具有体积小、结构简单、容易加工的优点。超表面是由哈佛大学的 Nanfang Yu 教授提出来的，采用不同 V 字形结构组成的相位不连续阵列结构，实现了对电磁波的折射和反射，同时基于传统的斯涅尔定律推导出适用于电磁波调控的广义斯涅尔定律。这一研究的出现使得超表面的研究从三维立体结构正式进入了二维平面结构阶段，自此以后，超表面在波束调控、极化转换、电磁隐身、全息成像等方面飞速发展。下面就超表面的研究进展展开讨论。

1. 超表面的波束调控应用

超表面的波束调控最常用于设计反射阵天线和透射阵天线，通过调整超表面尺寸以实现 360° 的相位变化，用于实现单波束、多波束以及涡旋波束辐射，如 Hexiu Xu 利用交替投影法成功实现了反射阵天线和透射阵天线的四波束辐射。有学者通过研究实现了从空间波到表面波的转换，提出了一种基于相位梯度超表面的结构，使用 H 形结构组成的单元，当一束电磁波垂直照射到超表面上时，通过设置合适的相位梯度可以实现电磁波的异常反射，但是如果采用足够大的相位梯度使反射角达到 90°，并且继续增大相位梯度，反射波将会被转化为表面波。目前，许多透反一体的超表面也被提出，如文献 [14] 中设计了一种由矩形贴片组成的双层超表面结构，能够实现 x 极化波的透射和 y 极化波的反射。另外，我国东南大学崔铁军院士团队首次提出了编码超表面，通过 "0/1" 编码的方式自由控制波束的传播方向。S.N.Burokur 则采用由容性和感性金属片状栅格构成的异性介质材料作为谐振腔天线的部分反射覆层，通过调整容性栅格或者感性栅格的相位形成梯度排列的形式，使辐射波束获得了不同的扫描角度。此外，许多智能化的有源可重构超表面也已经被提出，通过加载 PIN 二极管或者变容二极管实现波束的自由调控。

2. 超表面的极化调控应用

超表面不仅具有灵活操纵电磁波的能力，同时还能自由改变电磁波的极化状态。超表面可以实现线－线极化的转换，如崔铁军院士团队提出了一种双 V 字形超表面，可以在较宽的频段范围内实现线－线极化的转换；文献 [22] 中采用天线－滤波－天线单元实现了双频透射阵天线的线－线极化转换。超表面还可以实现线－圆极化的转换，如在进行反射 / 透射阵天线设计时，使用双线极化单元来实现线－圆极化的转换，通过调整双线极化单元的尺寸，使得两个相互正交的线极化分量彼此相等且相位相差 90°，从而实现线 – 圆极化的转换；文献 [24] 中提出了一款腔体形式的线 – 圆极化分波超表面，可以将线极化波转换并分裂为左旋圆极化波束和右旋圆极化波束。超表面还可以实现圆 – 圆极化的转换，文献 [25] 基于 Pancharatnam-Berry（PB）相位的概念实现了双频超表面阵列的圆 – 圆极化转换。

3. 超表面的电磁隐身技术应用

隐身技术的应用旨在实现有效抑制和控制探测目标的特征信号，通常，RCS 被用来评判一个物体是否存在及其位置，因此实现 RCS 缩减对于实现目标的隐身至关重要，实现 RCS 缩减的方法有：改变目标的外形结构、加载吸波材料、加载超表面。其中，改变目标的外形结构可能会导致如飞行器等目标不符合空气动力学要求；而加载吸波材料可能会影响目标本身的辐射性能。相比之下，利用超表面实现 RCS 的缩减是一种行之有效的方法，其中，最常用的方式是使用编码超表面来降低电磁波的散射。另外，电磁隐身衣也可以实现目标隐身，在任意弯折曲面上加载超表面，合理的相位补偿构建微波频段的隐身衣结构，可以实现对任意形状物体的隐身。

4. 超表面的全息成像技术应用

超表面也可以用于全息成像，由于超表面能够自由地操纵电磁波的幅度和相位，使得全息成像技术的难度大大降低，其中采用编码超表面或者 PB 超表面实现全息成像是目前最常用的方法。

1.2　谐振腔天线的发展现状和趋势

谐振腔天线最早由 Trentini 在 1956 年提出，由于具有结构简单、低剖面、高增益等优势而获得了广泛的关注和研究。谐振腔天线的研究主要聚焦在以下几个方面：

（1）传统的谐振腔天线的部分反射覆层的反射相位一般接近 180°，这样将导致谐振腔的腔体高度为工作波长的一半。但是当天线工作在低频状态下时，考虑到工作波长较长，这样将导致整个天线系统具有较高的剖面高度，因此低剖面天线的设计尤为重要。A.P.Feresidis 等人在 2006 年，Y. Li 等人在 2009 年，分别调整金属地板和部分反射覆层的反射相位，均使整个腔体高度降低为波长的四分之一；若对部分反射表面和金属地板进行精心设计，腔体高度甚至可以降至更低，但在设计过程中必须避免因二者之间距离太近产生耦合对天线辐射性能所产生的影响。

（2）由于部分反射覆层的反射相位对频率较为敏感，同时谐振腔的腔体高度也与频率相关，因此导致谐振腔天线只能在很小的频带内满足谐振条件，从而工作带宽较窄。A.P. Feresidis 等人在 2006 年、Naizhi Wang 等人在 2014 年，均采用斜率为正的部分反射覆层将谐振腔天线的增益带宽分别提高到 9% 和 28%；Z.G.Liu 等人在 2008 年提出一种渐变式的部分反射覆层实现了增益带宽的展宽。

（3）通信系统的发展对天线的性能提出了越来越高的要求，通常希望天线能够实现多频工作。B.A. Zeb 等人于 2012 年利用双层相同相对介电常数且相同厚度的介质板设计了一种双频谐振腔天线；同年，他们又使用双层的印刷偶极子作为部分反射覆层成功实现了谐振腔天线的三频工作。2017 年，Fan Qin 等设计的双层的频率选择表面覆层同样实现了谐振腔天线的三频工作。

（4）在卫星、航天、雷达等通信领域，为保证通信质量在某些场合实现天线的工作方式为圆极化。实现圆极化谐振腔天线最直接的方法是采用圆极化的馈源。另外一类是设计一种能够实现线－圆极化转换的部分反射覆层：J. Ju 等采用切除对角的方形贴片构造部分反射覆层成功使线极化馈源馈电的谐振腔天线工作于圆极化馈源中；线极化馈源倾斜 45° 放置可以分解为两个正交的线极化分量，通过对双线极化部分反射覆层进行合理的设计，使得这两个正交线极化波产生 90° 的相差，实现线极化到圆极化的转换。目前，对于圆极化谐振腔天线的设计主要在于产生单一高增益圆极化波束，但是通信系统通常要求天线同时具备收发功能，因此希望天线能够同时产生左旋圆极化波束和右旋圆极化波束，这样同时产生两个相互正交圆极化波束设计可以极大增强通信能力并减少相邻信道之间的干扰。文献 [39] 中采用两个线极化馈源馈电，产生了左旋圆极化波束和右旋圆极化波束。

（5）由于现在无线通信系统的智能化需求，天线可重构化一直是研究的主流方向。对于谐振腔天线而言，在实现可重构化方面主要有以下两种方式：第一种是机械可重构，Y. Hao 等人在 2004 年提出了一种馈源偏置的谐振腔天线，通过调整馈源的位置，可以实现对辐射波束的控制。S.N. Burokur 等人提出了一种由容性栅格和感性栅格组成的部分反射覆层，通过调整容性栅格或感性栅格的尺寸来改变反射相位，从而实现对波束的可重构。但是这种通过改变机械结构实现波束扫描的方式效率不高，且容易出现偏差，因此很难应用于实际。第二种是有源可重构，S.N. Burokur 等人通过在容性栅格上加载变容二极管实现了频率的可重构；当加载了变容二极管的高阻抗表面作为谐振腔天线的地板时，可以实现频率或者波束的可重构；另外也可以使用天线阵作为馈源，通过调整天线阵的波束指向来实现谐振腔天线的可重构。

1.3 反射阵天线的发展现状和趋势

1963 年，Berry 提出了一种基于开口波导单元的反射阵天线，该天线通过调节开口波导的长度来实现相位控制，从而实现了高增益辐射。然而，由于其体积笨重，这个设计并未引起人们的重视。直到微带技术的飞速发展才使得反射阵天线重新获得了广泛的关注，反射阵天线的研究主要聚焦在以下几个方面：

（1）由于微带单元本身具有窄带特性，故其所设计的反射阵天线的带宽远远低于传统的抛物面天线。因此，许多展开频带的方法被提出，多层微带结构是展开频带最常用的方式，如文献采用三层矩形贴片层叠的方式使得 –0.5 dB 增益带宽拓宽了 10% ；还有一种耦合型微带结构的方法也可以实现天线带宽的拓宽，其采用矩形贴片和微带耦合线组成的结构，将 –3 dB 增益带宽拓宽了 23%。上述两种方式均采用了多层方式，相比单层结构，它们的结构相对复杂且重量大。因此，后一种单层的宽带反射阵天线被研究，如文献 [49] 采用两个谐振环嵌套的复合结构使得 –1 dB 增益带宽拓宽了 20%。

（2）通信系统的发展也要求反射阵天线能够实现多频化工作。通常采用单元嵌套的方式来实现多频，即将不同单元按照各自的周期进行排列，从而分别实现各自频段下高增益辐射，如文献 [50] 和文献 [52] 分别采用由三种或者四种不同形式的单元组成的反射阵天线，实现了三频或者四频辐射。值得注意的是，在设计中多种不同单元之间存在的互耦问题容易影响天线的辐射效率。

（3）反射阵天线另一个研究的重点是其极化转换能力。研究学者们通过调整双线极化的超表面单元的尺寸，使两个正交线极化产生 90° 的相位差，从而将馈源辐射的线极化电磁波转换为圆极化高增益波束或圆极化涡旋波束；同时，反射阵天线还具有将线极化波转换为其正交线极化波的能力。

（4）由于空间馈电形式，单面反射阵天线难以实现低剖面的设计，平面卡塞格伦天线和格里高利天线由于结构更加紧凑获得了广泛关注，但是，与单面反射阵天线相比，这种双面反射阵天线所带来的遮挡效应更为严重。为了克服这个问题，一种馈源偏置的双面反射阵天线被提出。通过合理的设计，馈源和副反射面被放置在主反射面的辐射区域之外，解决了来自副反射面和馈源的遮挡问题。此后，研究学者们又提出了一种由极化变换阵列和极化栅组成的折叠天线结构，成功解决了双面反射阵天线的遮挡问题，并且将天线的剖面高度降低为二分之一焦距。此外，还有一种极化扭转型的卡塞格伦天线，可以将天线的剖面高度降至更低。

1.4 透射阵天线的发展现状和趋势

与反射阵类似，透射阵天线随着微带技术的成熟同样取得了飞速的发展。透射阵天线的馈源位于辐射口径的后方，相较于反射阵天线，能够完美地避免反射阵天线所产生馈源遮挡辐射口径的问题，具有高口径效率和低副瓣电平的优势。目前平面透射阵的研究主要聚焦在以下几个方面：

（1）对于透射阵天线来说，拓宽带宽的方式与反射阵天线大同小异。例如，在文献 [59] 中采用了六层交叉环堆叠的结构来拓宽工作带宽，但是较多的层数会降低单元透射率。因此，文献 [60] 提出了一种四层堆叠的结构，其透射单元采用两个谐振环嵌套的方式来拓宽工作带宽。

（2）透射阵天线的多频实现一般采用单元嵌套的方式，例如在文献 [61] 中，采用两种不同形式的单元构建透射阵天线，实现了双频辐射。

（3）极化转换一直是科研人员关注的研究重点，针对平面透射阵的极化转换已有较多研究成果。文献 [63] 提出了一种双线极化单元，当调控相位使得两个正交的线极化波的相位相差 90° 时，则实现了线极化波到圆极化波的转换。Ronan Sauleau 等人以及 Cheng Huang 等人使用一种中间连通的透射单元结构组成透射阵天线，能够实现线 – 线极化、线 – 圆极化的转换。

（4）透射阵天线的低剖面设计是一个研究热点，关于如何降低透射单元的厚度已经做了大量研究，这里主要描述如何降低整个天线的剖面高度。目前有两种形式的解决方案，第一种是采用透射面与金属地板相结合的结构，将金属地板放置于天线焦距的二分之一处，馈源放置于透射面的中心位置，实现了折叠透射阵天线。另一种是将极化转换反射面与具备极化选择和波束调控功能的透射面结合起来，可以将剖面高度降低为焦距的三分之一或者四分之一。

综上所述，分析了超表面、谐振腔天线、反射阵天线和透射阵天线的发展现状和趋势，其中超表面的相位调控原理非常适用于这三种天线的设计，并已得到广泛研究。本文将在现有研究的基础上进一步研究具备新的电磁特性的新型超表面天线。

参考文献

[1] Veselago, Viktor G. The electrodynamics of substances with simultaneously negative values of ε and μ[J]. Physics-Uspekhi, 1968, 10(4) : 509–514.

[2] Pendry J B, Holden A J, Stewart W J, et al. Extremely low frequency plasmons in metallic mesostructures[J]. Physical Review Letters, 1996, 76(25) : 4773–4776.

[3] Pendry J B, Holden A J, Robbins D J, et al. Magnetism from conductors and enhanced nonlinear phenomena[J]. IEEE Transactions on Microwave Theory Techniques, 1999, 47(11) : 2075–2084.

[4] Schurig D, Mock J J, Justice B J, et al. Metamaterial Electromagnetic Cloak at Microwave Frequencies[J]. Science, 2006, 314(5801) : 977–980.

[5] Tang W, Argyropoulos C, Kallos E, et al. Discrete coordinate transformation for designing all-dielectric flat antennas[J]. IEEE Transactions on Antennas and Propagation, 2010, 58(12) : 3795–3804.

[6] Chen H, Chan C T. Transformation media that rotate electromagnetic fields[J]. Applied Physics Letters, 2007, 90(24) : 241105.

[7] Nanfang Y, Genevet, et al. Light Propagation with phase discontinuities: generalized laws of reflection and refraction.[J]. Science, 2011, 334(21) : 333–337.

[8] Cao Y, Che W, Yang W, et al. Novel wideband polarization rotating metasurface element and its application for wideband folded reflectarray[J]. IEEE Transactions on Antennas and Propagation, 2020, 68(3): 2118–2127.

[9] Xu H, Tang S, Ling X, et al. Flexible control of highly-directive emissions based on bifunctional metasurfaces with low polarization cross-talking[J]. Annalen der Physik, 2017, 529(5) : 1700045.

[10] Xu H, Cai T, Zhuang Y, et al. Dual-mode transmissive metasurface and its applications in multibeam transmitarray[J]. IEEE Transactions on Antennas and Propagation, 2017, 65(4) : 1797–1806.

[11] Xie R, Zhai G, Wang X, et al. High-efficiency ultrathin dual-wavelength pancharatna-berry metasurfaces with complete independent phase control[J]. Advanced Optical Materials, 2019, 7(20) : 1900594.

[12] Karimipour M, Komjani N, Aryanian I. Holographic-inspired multiple circularly polarized vortex-beam generation with flexible topological charges and beam directions[J]. Physical Review Applied, 2019, 11(5): 054027.

[13] Sun S, He Q, Xiao S, et al. Gradient-index meta-surfaces as a bridge linking propagating waves and surface waves[J]. Nature Materials, 2012, 11(5): 426–431.

[14] Guo W, Wang G, Li T, et al. Ultra-thin anisotropic metasurface for polarized beam splitting and reflected beam steering applications[J]. Journal of Physics D, 2016, 49(42) : 425305.

[15] Li L, Cui T J, Ji W, et al. Electromagnetic reprogrammable coding-metasurface holograms[J]. Nature Communications, 2017, 8(1) : 197.

[16] Ghasemi A, Burokur S N, Dhouibi A, et al. High Beam Steering in Fabry–Pérot Leaky Wave Antennas[J]. IEEE Antennas and Wireless Propagation Letters, 2013, 12 : 261–264.

[17] Ratni B, Merzouk W A, De Lustrac A, et al. Design of phase-modulated metasurfaces for beam steering in Fabry-Pérot cavity antennas[J]. IEEE Antennas and Wireless Propagation Letters, 2017, 16 : 1401–1404.

[18] Debogovic T, Perruisseaucarrier J. Low loss MEMS-reconfigurable 1-bit reflectarray cell with dual-linear polarization[J]. IEEE Transactions on Antennas and Propagation, 2014, 62(10) : 5055–5060.

[19] Yang H, Cao X, Yang F, et al. A programmable metasurface with dynamic polarization, scattering and focusing control.[J]. Scientific Reports, 2016, 6(1) : 35692.

[20] Bildik S, Dieter S, Fritzsch C, et al. Reconfigurable folded reflectarray antenna based upon liquid crystal technology[J]. IEEE Transactions on Antennas and Propagation, 2015, 63(1) : 122–132.

[21] Gao X, Han X, Cao W, et al. Ultrawideband and high-effifiency linear polarization converter based on double V-shaped metasurface[J]. IEEE Transactions on Antennas and Propagation, 2015, 63(8) : 3522–3530.

[22] Pham K, Sauleau R, Fourn E, et al. Dual-Band Transmitarrays With Dual-Linear Polarization at Ka-Band[J]. IEEE Transactions on Antennas and Propagation, 2017, 65(12) : 7009–7018.

[23] Chen G, Jiao Y, Zhao G. A reflectarray for generating wideband circularly polarized orbital angular momentum vortex wave[J]. IEEE Antennas and Wireless Propagation Letters, 2019, 18(1):182–186.

[24] Zhang A, Yang R. Anomalous birefringence through metasurface-based cavities with

linear to-circular polarization conversion[J]. Physical Review B, 2019, 100(24).

[25] Pfeiffer C, Zhang C, Ray V, et al. High performance bianisotropic metasurfaces: asymmetric transmission of light.[J]. Physical Review Letters, 2014, 113(2) : 023902.

[26] Ameri E, Esmaeli S H, Sedighy S H. Ultra wideband radar cross section reduction by using polarization conversion metasurfaces[J]. Scientific Reports, 2019, 9(1) : 1–8.

[27] Dai H, Zhao Y, Li H, et al. An ultra-wide band polarization-independent random coding metasurface for RCS reduction[J]. Electronics, 2019, 8(10) : 1104.

[28] Yang J, Huang C, Wu X, et al. Dual-wavelength carpet cloak using ultrathin metasurface[J]. Advanced Optical Materials, 2018, 6(14) : 1800073.

[29] Qin F F, Liu Z, Zhang Z, et al. Broadband full-color multichannel hologram with geometric metasurface[J]. Optics Express, 2018, 26(9) : 11577–11586.

[30] Trentini G V. Partially reflecting sheet arrays[J]. IEEE Transactions on Antennas and Propagation, 1956, 4(4): 666–671.

[31] Li Y, Esselle K P. Small EBG resonator high-gain antenna using in-phase highly-reflecting surface[J]. Electronics Letters, 2009, 45(21): 1058–1060.

[32] Yahiaoui R, Burokur S N, De Lustrac A. Enhanced directivity of ultra-thin metamaterial-based cavity antenna fed by multisource[J]. Electronics Letters, 2009, 45(16): 814–816.

[33] Feresidis A P, Vardaxoglou J C. Feresidis A P, Vardaxoglou J C. A broadband high-gain resonant cavity antenna with single feed[C]// 2006 First European Conference on Antennas and Propagation, Nice, France, 2006: 1–5.

[34] Wang N, Liu Q, Wu C, et al. Wideband Fabry-Pérot resonator antenna with two complementary FSS layers[J]. IEEE Transactions on Antennas and Propagation, 2014, 62(5): 2463–2471.

[35] Liu Z, Zhang W, Fu D, et al. Broadband Fabry-Pérot resonator printed antennas using FSS superstrate with dissimilar size[J]. Microwave and Optical Technology Letters, 2008, 50(6): 1623–1627.

[36] Zeb B A, Ge Y, Esselle K P, et al. A simple dual-band electromagnetic band gap resonator antenna based on inverted reflection phase gradient[J]. IEEE Transactions on Antennas and Propagation, 2012, 60(10): 4522–4529.

[37] Zeb B A, Ge Y, Esselle K P. A single-layer thin partially reflecting surface for tri-band directivity enhancement[C]// 2012 Asia Pacific Microwave Conference Proceedings, Kaohsiung, China, 2012: 559–561.

[38] Qin F, Gao S, Luo Q, et al. A triband low-profile high-gain planar antenna using Fabry-Pérot cavity[J]. IEEE Transactions on Antennas and Propagation, 2017, 65(5):

2683–2688.

[39] Qin F, Gao S, Wei G, et al. Wideband circularly polarized Fabry-Pérot antenna[J]. IEEE Antennas and Propagation Magazine, 2015, 57(5): 127–135.

[40] Ju J, Kim D, Lee W, et al. Design method of a circularly-polarized antenna using Fabry-Pérot cavity structure[J]. Etri Journal, 2011, 33(2): 163–168.

[41] Zeb B A, Esselle K P. A partially reflecting surface with polarization conversion for circularly polarized antennas with high directivity[C]// 2012 International Conference on Electromagnetics in Advanced Applications, Cape Town, South Africa, 2012: 466–469.

[42] Hao Y, Alomainy A, Parini C G. Antenna-beam shaping from offset defects in UC-EBG cavities[J]. Microwave and Optical Technology Letters, 2004, 43(2): 108–112.

[43] Burokur S N, Daniel J, Ratajczak P, et al. Tunable bilayered metasurface for frequency reconfigurable directive emissions[J]. Applied Physics Letters, 2010, 97(6): 064101.

[44] Guzmanquiros R, Gomeztornero J L, Weily AR, et al. Electronically steerable 1-D Fabry-Pérot leaky-wave antenna employing a tunable high impedance surface[J]. IEEE Transactions on Antennas and Propagation, 2012, 60(11): 5046–5055.

[45] Qin F, Gao S S, Luo Q, et al. A simple low-cost shared-aperture dual-band dual-polarized high gain antenna for synthetic aperture radars[J]. IEEE Transactions on Antennas and Propagation, 2016, 64(7): 2914–2922.

[46] Berry D, Malech R, Kennedy W. The reflectarray antenna[J]. IEEE Transactions on Antennas and Propagation, 1963, 11(6): 645–651.

[47] Encinar J A, Zornoza J A. Broadband design of three-layer printed reflectarrays[J]. IEEE Transactions on Antennas and Propagation, 2003, 51(7): 1662–1664.

[48] Suchen H. Microstrip reflectarray with QUAD-EMC element[J]. IEEE Transactions on Antennas and Propagation, 2005, 53(6): 1993–1997.

[49] Li Y, Li L. Broadband microstrip beam deflector based on dual-resonance conformal loops array[J]. IEEE Transactions on Antennas and Propagation, 2014, 62(6): 3028–3034.

[50] Hasani H, Tamagnone M, Capdevila S, et al. Tri-band, polarization-independent reflectarray at terahertz frequencies: design, fabrication, and measurement[J]. IEEE Transactions on Terahertz Science and Technology, 2016, 6(2): 268–277.

[51] Yang F, Kim Y, Huang J, et al. A single-layer tri-band reflectarray antenna design[C]// 2007 IEEE Antennas and Propagation Society International Symposium, Honolulu, HI, USA, 2007, 5307–5310.

[52] Hasani H, Peixeiro C, Skrivervik A K, et al. Single-layer quad-band printed

reflectarray antenna with dual linear polarization[J]. IEEE Transactions on Antennas and Propagation, 2015, 63(12): 5522–5528.

[53] Ahmadi F, Namiranian A, Virdee B S. Design and implementation of a single layer circularly polarized reflectarray antenna with linearly polarized feed[J]. Electromagnetics, 2015, 35(2): 93–100.

[54] Chen G, Jiao Y, Zhao G. A reflectarray for generating wideband circularly polarized orbital angular momentum vortex wave[J]. IEEE Antennas and Wireless Propagation Letters, 2019, 18(1): 182–186.

[55] Guo W-L, Wang G-M, Hou H-S, et al. Multi-functional coding metasurface for dual-band independent electromagnetic wave control[J]. Optics Express, 2019, 27(14): 19196–19211.

[56] Tienda C, Arrebola M, Encinar J A, et al. Analysis of a dual-reflectarray antenna[J]. IET Microwaves Antennas Propagation, 2011, 5(13): 1636–1645.

[57] Xu H, Cai T, Zhuang Y, et al. Dual-mode transmissive metasurface and its applications in multibeam transmitarray[J]. IEEE Transactions on Antennas and Propagation, 2017, 65(4): 1797–1806.

[58] Hannan P. Microwave antennas derived from the cassegrain telescope[J]. IRE Transactions on Antennas and Propagation, 1961, 9(2): 140–153.

[59] Zhang Y, Abd-Elhady M, Hong W, et al. Research progress on millimeter wave transmitarray in SKLMMW[C]// 2012 4th International High Speed Intelligent Communication Forum, Nanjing, China, 2012: 1–2.

[60] Ryan C G M, Chaharmir M R, Shaker J, et al. A wideband transmitarray using dualresonant double square rings[J]. IEEE Transactions on Antennas and Propagation, 2010, 58(5): 1486–1493.

[61] Bagheri M O, Hassani H R, Rahmati B. Dual-band, dual-polarised metallic slot transmitarray antenna[J]. IET Microwaves Antennas and Propagation, 2017, 11(3): 402–409.

[62] Zainuddeen S, Gaber S M, Malhat H, et al. B2. Single feed dual-polarization dual-band transmitarray for satellite applications[C]// 2013 30th National Radio Science Conference (NRSC), 2013: 27–34.

[63] Tian C, Jiao Y, Zhao G. Circularly polarized transmitarray antenna using low-profile dual linearly-polarized elements[J]. IEEE Antennas and Wireless Propagation Letters, 2017, 16: 465–468.

[64] Jouanlanne C, Clemente A, Huchard M, et al. Wideband linearly polarized transmitarray antenna for 60 GHz backhauling[J]. IEEE Transactions on Antennas and

Propagation, 2017, 65(3): 1440–1445.

[65] Kaouach H, Dussopt L, Lanteri J, et al. Wideband low-loss linear and circular polarization transmitarrays in v-Band[J]. IEEE Transactions on Antennas and Propagation, 2011, 59(7): 2513–2523.

[66] Palma L D, Clemente A, Dussopt L, et al. Circularly polarized transmitarray with sequential rotation in ka-band[J]. IEEE Transactions on Antennas and Propagation, 2015, 63(11): 5118–5124.

[67] Palma L D, Clemente A, Dussopt L, et al. Experimental characterization of a circularly polarized 1 bit unit cell for beam steerable transmitarrays at ka-band[J]. IEEE Transactions on Antennas and Propagation, 2019, 67(2): 1300–1305.

[68] Zainuddeen S H, Hassanwm, Malhat H A. Near-field focused folded transmitarray antenna for medical applications[J]. Wireless Personal Communications, 2017, 96(3): 4885–4894.

[69] Fan C, Che W, Yang W, et al. A novel PRAMC-based ultralow-profile transmitarray antenna by using ray tracing principle[J]. IEEE Transactions on Antennas and Propagation, 2017, 65(4): 1779–1787.

[70] Ge Y, Lin C, Liu Y. Broadband folded transmitarray antenna based on an ultrathin transmission polarizer[J]. IEEE Transactions on Antennas and Propagation, 2018, 66(11): 5974–5981.

新型超表面谐振腔天线

本章从理论分析、结构设计、仿真分析和实验验证四方面入手，主要讨论三种不同功能的新型超表面谐振腔天线的设计。首先，提出了一种具有空间角度滤波特性的部分反射表面，并将其应用于谐振腔天线的设计，通过缝隙耦合天线阵馈电，能够实现二维双波束随频率变化而变化。其次，提出了一种具有线圆极化分波特性的部分反射表面，可以将入射的线极化波分离成左旋圆极化波和右旋圆极化波，并将其应用于谐振腔天线的设计，从而实现双波束双圆极化的辐射特性。最后，提出一种能够实现多极化辐射特性的部分反射表面，并通过多极化馈源天线进行馈源，能够实现多极化辐射特性。

2.1 谐振腔天线的工作机理

谐振腔天线作为一种高增益天线，具有馈电简单、加工成本低等优势，被广泛应用于天线基站和雷达通信系统中。谐振腔天线设计通常是在微带天线上方添加一块具有部分反射特性的盖板，这个结构可以使满足谐振条件的电磁波穿过部分反射盖板时实现同相叠加的高增益辐射。

如图 2.1.1 所示，谐振腔天线包括部分反射表面、金属地板以及馈源三部分，将部分反射表面与金属地板之间的高度设为 h，馈源被放置在金属地板的中心位置，假设整个谐振腔腔体足够大时可以将馈源天线等效为点源。

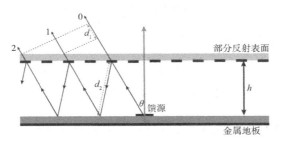

图 2.1.1 谐振腔天线示意图

假设馈电天线的辐射方向图为 $F(\theta)$，最大电场幅度为 E_0。部分反射表面的反射系数为 $\rho e^{j\varphi_1}$，若金属地板的反射相位为 $e^{j\varphi_2}$（全反射且反射幅度为 1）。如果不考虑电磁波在谐振腔天线中传输时的损耗问题，则辐射波束 0 的幅度为 $E_0\sqrt{1-\rho^2}$，辐射波束 1 的幅度为 $E_0\rho\sqrt{1-\rho^2}$，辐射波束 2 的幅度为 $E_0\rho^2\sqrt{1-\rho^2}$，以此类推，可以得到 n 次反射后透射波的幅度为 $E_0\rho^n\sqrt{1-\rho^2}$。另外，根据几何关系，可以得到

$$d_1 = 2h\tan\theta\sin\theta = 2h(1/\cos\theta - \cos\theta) \qquad (2-1)$$

$$d_2 = h/\cos\theta \qquad (2-2)$$

当电磁波在部分反射表面和金属地板之间来回反射时，两个波束由于存在不同的路径差将会产生相位差，其中波束 1 和波束 0 之间的相位差为：

$$\phi_1 = \frac{2\pi}{\lambda}d_1 - \frac{2\pi}{\lambda}2d_2 + \varphi_1 + \varphi_2 = \varphi_1 + \varphi_2 - \frac{4\pi}{\lambda}h\cos\theta = \phi \qquad (2-3)$$

波束 2 和波束 0 之间的相位差为：

$$\phi_2 = \frac{2\pi}{\lambda}2d_1 - \frac{2\pi}{\lambda}4d_2 + 2\varphi_1 + 2\varphi_2 = 2\left(\varphi_1 + \varphi_2 - \frac{4\pi}{\lambda}h\cos\theta\right) = 2\phi \qquad (2-4)$$

波束 n 和波束 0 之间的相位差为：

$$\phi_n = \frac{2\pi}{\lambda}nd_1 - \frac{2\pi}{\lambda}2nd_2 + n\varphi_1 + n\varphi_2 = n\left(\varphi_1 + \varphi_2 - \frac{4\pi}{\lambda}h\cos\theta\right) = n\phi \qquad (2-5)$$

考虑到电场场强等于所有透射波电场的叠加，因此有

$$E = \sum_{n=0}^{N-1}F(\theta)E_0\rho^n\sqrt{1-\rho^2}e^{j\varphi_n} \qquad (2-6)$$

由于反射幅度 $\rho < 1$，可以得到

$$\sum_{n=0}^{N-1}\rho^n e^{j\varphi_n} = \frac{1}{1-\rho e^{j\phi}} \qquad (2-7)$$

故远场电场的值为

$$|E| = |E_0|F(\theta)\sqrt{\frac{1-\rho^2}{1+\rho^2-2\rho\cos\theta}} \qquad (2-8)$$

最后可以得到远场能量方向图为

$$S = \frac{1-\rho^2}{1+\rho^2-2\rho\cos\left(\varphi_1+\varphi_2-\frac{4\pi}{\lambda}h\cos\theta\right)}F^2(\theta) \qquad (2-9)$$

根据式（2-9）可以得到当 $\varphi_1+\varphi_2-\frac{4\pi}{\lambda}h\cos\theta = 2N\pi$ 时，其最大值为 $S_{\max}=$

$\dfrac{1+\rho}{1-\rho}F^2(\theta)$。

通常我们取 $\theta = 0°$ 为谐振腔天线的最大辐射方向，经过计算可以得到谐振腔天线所要求的腔体高度为：

$$\varphi_1 + \varphi_2 - \frac{4\pi}{\lambda}h = 2N\pi, N = 0,1,2\cdots \qquad （2-10）$$

$$h = \frac{\lambda}{4\pi}(\varphi_1 + \varphi_2 - 2N\pi), N = 0,1,2\cdots \qquad （2-11）$$

同时，相对于馈源天线谐振腔天线所能提高的增益为：

$$G_r = 10\lg\left[\frac{S}{F^2(\theta)}\right] = 10\lg\left(\frac{1+\rho}{1-\rho}\right) \qquad （2-12）$$

可见，谐振腔天线所能提高的增益与部分反射表面的反射幅度相关，反射幅度越大，增益提高越多。

上述推导主要用于定性地理解谐振腔天线的工作机理，所得结果主要反映了天线的工作频率和增益同部分反射表面的反射特性及腔体高度的关系，为后续谐振腔天线的设计奠定基础。

2.2 新型二维双波束频扫谐振腔天线

目前，采用谐振腔天线实现可重构高定向波束在实现小型化和无线卫星通信系统方面获得了越来越多的关注。通常情况下，谐振腔天线由部分反射表面、金属地板以及馈源三部分组成，其中部分反射表面的电磁特性从根本上决定了谐振腔天线的辐射性能。因此，开发新型结构的部分反射表面实现波束和频率自由调控，已成为设计可重构谐振腔天线的重要策略。

超表面是一种能够自由调控电磁波传播方向的人工智能材料，已经实现了天线高增益波前重构的能力以及电磁波散射性能的自由可调，并提供了在隐身表面操纵电磁场的实用策略。特别是具有可重构特性的超表面作为部分反射表面已被用于改善谐振腔天线的辐射，其中不同排列的超表面被证明能够产生不同的辐射波束。例如，利用具有不同感应式栅格的超表面、方形环以及变容二极管可以获得可控波束。最近，由周期性相互连接的互补开口环谐振器组成的超表面在窄频率范围上展示了良好的波束扫描性能和宽角度滤波传输，如果我们能将这种空间角度滤波超表面应用到谐振腔天线中，将为提高传统辐射的可重构能力提供一个极好的机会。

基于这些考虑，本节介绍了一种基于空间角度滤波超表面的新型双波束频扫谐振腔天线，可以实现两个维度下双波束随频率的变化。首先，提出了一种空间角度滤波超表面，其上蚀刻有周期性排布的非对称双开口 C 形缝隙，能够实现电磁波的透波角度随谐振频率的变化。其次，对上述空间角度滤波超表面进行了改进，设计出了具有同样电磁特性的部分反射表面，包括上层的空间角度滤波超表面、中间的介质层以及下层用于实现部分反射的金属贴片。最后，将上述部分反射表面应用于谐振腔天线的设计，通过缝隙耦合天线阵馈电，能够实现二维双波束随频率的扫描功能。

2.2.1 空间角度滤波超表面

空间角度滤波超表面包括一层金属贴片结构，其上蚀刻有周期性排布的非对称双开口 C 形缝隙，其结构如图 2.2.1 所示，当不同入射角度的 TMy 极化平面波照射时，可以实现空间角度滤波功能。具体而言，当电磁波的透波角度为 0° 时，对应一个透波频率 $f_{0°}$；当电磁波的透波角度为 θ 时，将产生另一个透波频率 f_{θ}。可以发现，透波角度与透波频率具有一一对应关系，因此当透波频率 f_{θ} 确定，透波角度 θ 也随之确定，可用于设计可重构谐振腔天线，实现波束随频率的扫描功能。所设计的空间角度滤波超表面的单元尺寸如表 2.2.1 所示。

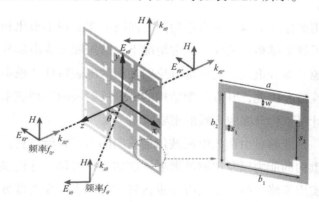

图 2.2.1　空间角度滤波超表面示意图

表 2.2.1　空间角度滤波超表面的单元尺寸

单位：mm

a	b_1	b_2	s_1	s_2	w
6	5.8	5.6	0.4	3.8	0.5

下面对该空间角度滤波超表面的空间角度滤波特性进行分析，为了实现空间角度滤波功能，该超表面设计的关键在于透波频率与电磁场透射角度之间的关系。下面在全波仿真软件中采用无线周期阵列边界条件对该超表面单元进行仿真分析，主要分析非对称双开口 C 形缝隙的两个开口 s_1 和 s_2 变化对空间角度滤波特性的影响，其结果如图 2.2.2 所示。下面给出了非对称双开口 C 形缝隙金属贴片的反射系数，其中通过改变单元的周期尺寸 a、开口尺寸 s_1 和 s_2 来分析该空间角度滤波超表面的特性。

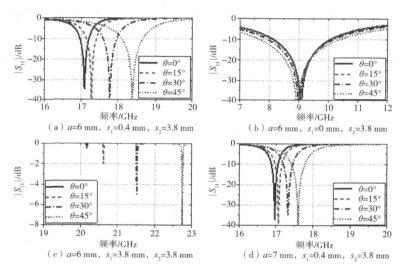

图 2.2.2　空间角度滤波超表面的反射系数曲线图

从图 2.2.2 中可以看出，当 $a = 6$ mm，$s_1 = 0.4$ mm 且 $s_2 = 3.8$ mm 时，这个超表面单元实现了完美的空间角度滤波功能，随着入射角度照射至 0°、15°、30° 和 45° 时，超表面单元的透波频率分别为 17.09 GHz、17.27 GHz、17.77 GHz 和 18.38 GHz。当 $a = 6$ mm，$s_1 = 0$ mm 且 $s_2 = 3.8$ mm 时，随着入射角照射至 0°、15°、30° 和 45° 时，这个超表面单元仅能在一个固定频点透波，并且透波频率大约为非对称双开口 C 形缝隙的超表面单元的一半。当 $a = 6$ mm，$s_1 = 3.8$ mm 且 $s_2 = 3.8$ mm 时，C 形缝隙的开口变为对称开口，随着入射角度照射至 0°、15°、30° 和 45° 时，该超表面单元的透波频率分别为 20.16 GHz、20.55 GHz、21.51 GHz 和 22.74 GHz；虽然这个对称的双开口 C 形缝隙能够实现同样的空间角度滤波功能，但是由于它在所有透波角度下的透波带宽较窄，难以应用于设计谐振腔天线实现波束随频率的扫描。当 $a=7$ mm，$s_1=0.4$ mm 且 $s_2=3.8$ mm 时，随着入射角照射至 0°、15°、30° 和 45° 时，该超表面单元的透波频率分别为 16.97 GHz、17.07 GHz、17.34 GHz 和 17.60 GHz；通过对比图 2.2.2（a）和图 2.2.2（d）可以看出，当 a=6 mm 时，透波频率的偏移量为 1.29 GHz，当 a=7 mm 时，透波频率的偏移量为 0.63 GHz。由此可见，单元的周期性也是影响空间角度滤波特性的一个重要因素。这是由于超表面单元的非对称双开口 C 形缝隙实现相邻单元之间产生强耦合，使超表面的透波频率随着电磁波透波角度的变化产生偏移。而当单元的边长增大时，相邻单元之间的耦合减弱，空间角度滤波特性同样减弱；如果持续增大超表面单元的边长，空间角度滤波特性则被抑制，随着入射角度的变化仅能固定频点的透波。

下面展示了图 2.2.2（a）超表面单元在不同透波频率下的电场图，进一步说明非对称双开口 C 形缝隙在不同入射角度照射下的透波特性，如图 2.2.3 所示。可以看出，该超表面单元在 0°、15°、30° 和 45° 方向上均能完美地透射电磁波，且每个角度的透波频率分别为 17.09 GHz、17.27 GHz、17.77 GHz 和 18.38 GHz。

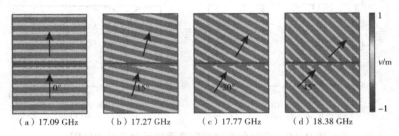

（a）17.09 GHz　　（b）17.27 GHz　　（c）17.77 GHz　　（d）18.38 GHz

图 2.2.3　空间角度滤波超表面在不同频率下的电场图

通过分析可知，该透波频率 f_θ 与透波角度 θ 的关系满足如下关系：

$$f_\theta = f_{0°} \cos^2 \theta + f_{90°} \sin^2 \theta \qquad (2-13)$$

其中 f_θ、$f_{0°}$ 和 $f_{90°}$ 指的是电磁波在 θ、0° 和 90° 时的透波频率。在式（2-13）中，$f_{0°}$ 的值可以通过全波仿真直接得到，而 $f_{90°}$ 的值则是根据全波仿真中具有不同入射角度的两个传输频率来计算。例如，对于图 2.2.2（a）超表面单元的仿真结果，我们有 $f_{0°}$ = 17.09 GHz 和 $f_{45°}$ = 18.38 GHz，通过式（2-13）能够得到 $f_{90°}$ = 19.67 GHz，因此可以得出

$$f_\theta = 17.09 \cos^2 \theta + 19.67 \sin^2 \theta \qquad (2-14)$$

基于式（2-14），将 θ = 0°、15°、30° 和 45° 分别代入，则可以得到 f_θ = 17.09 GHz、

17.26 GHz、17.74 GHz 和 18.38 GHz，该理论结果与仿真结果基本吻合，偏差非常小，这说明所设计的超表面单元的透波频率和透波角度的变化满足关系式（2–13）。

上述结论表明，空间角度滤波超表面能够实现较好的空间角度滤波特性，使得电磁波的透波角度随着谐振频率的变化而变化。与此同时，其空间角度滤波特性不仅受双开口的影响，还受单元周期的影响，因此需要根据实际情况对单元尺寸进行优化设计。

2.2.2　空间角度滤波部分反射表面

基于上一节所设计的空间角度滤波超表面，设计适用于谐振腔天线且具有空间角度滤波特性的部分反射表面，为后续实现谐振腔天线的波束随频率的扫描功能奠定基础。

如图 2.2.4 所示，给出了部分反射表面的结构示意图，其由上层的空间角度滤波超表面、中间层的介质基板和底层的金属贴片组成。其中空间角度滤波超表面的作用是实现谐振腔天线的波束随频率变化的功能，介质基板的作用是使工作频段向低频偏移，从而实现空间角度滤波部分反射表面的小型化设计，而金属贴片的作用在于抑制电磁波的透射从而实现谐振腔天线所需的部分透波功能。该部分反射表面选择图 2.2.2（a）的单元尺寸，介质基板选择相对介电常数 $\varepsilon_r = 2.65$ 且厚度 $t_1 = 0.5$ mm 的基板，同时金属贴片选择边长 $c = 5.8$ mm 的方形金属贴片。

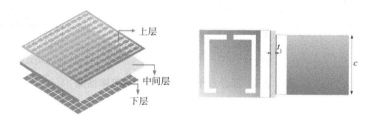

图 2.2.4　空间角度滤波部分反射表面

图 2.2.5 展示了空间角度滤波部分反射表面的反射和传输性能。通过对比反射系数和传输系数的结果可以看出，当在空间角度滤波超表面后面加载介质基板和金属贴片时，工作频率减小且仅有部分电磁波能够透射，从而实现了部分透波的效果。同时，随着透波角度的增加，透波频率也在增加，符合空间角度滤波超表面的基本特性。部分反射表面的反射相位如图 2.2.5（c）所示，可以看出，其反射相位也随着透射波角度的变化而变化，同时也表现出随着透波频率的变化而

变化。根据可重构谐振腔设计的基本要求，可以通过改变谐振腔天线的反射相位来实现波束可重构设计。因此，本节基于空间角度滤波超表面的部分反射表面可以提供一个随着透波角度变化的反射相位，用于实现谐振腔天线波束随频率的扫描功能。对于本次设计，我们选择0°反射相位下的透波频率来开展后续的设计。随着透波角度从0°、15°、30°和45°变化时，0°反射相位所对应的频率分别为10.55 GHz、10.63 GHz、10.82 GHz和11.18 GHz。同时，部分反射表面的透波频率与透波角度的关系仍满足关系式（2–13），如图2.2.5（d）所示，所有的仿真值均位于理想值的拟合曲线上。图2.2.6展示了反射相位为0°时部分反射表面在不同透波频率下的电场图，该超表面单元在透波角度为0°、15°、30°和45°方向上仅有部分电磁波可以透射，实现了部分反射性能。

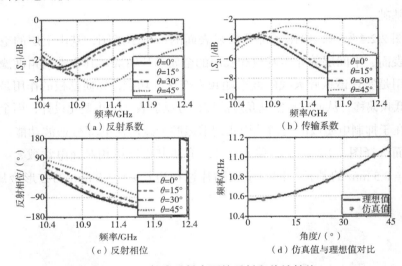

图2.2.5 部分反射表面的反射和传输性能

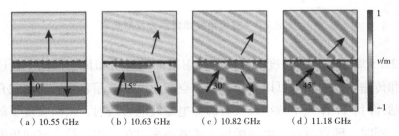

图2.2.6 部分反射表面在不同频率下的电场图

基于图2.2.5（c）所给出的部分反射表面的反射相位，可以根据式（2–11）

计算谐振腔天线的腔体高度，图 2.2.7 所示为移除金属地板后镜像对称的双层部分反射表面。由于谐振腔天线的腔体高度 h 与透波频率相关，因此需要分析不同腔体高度对透波频率的影响，通过仿真分析了腔体高度 h 从 5.8 mm 至 7.8 mm 时透波频率和透波角度之间的关系。可以看出，在对部分反射表面进行双层镜像之后均实现了完美的透波特性，这说明当腔体高度 h 从 5.8 mm 变化至 7.8 mm 时，谐振腔天线均满足腔体谐振特性，同时还展示出出色的空间角度滤波特性。与此同时，当腔体高度 h 从 5.8 mm 增大到 7.8 mm 时，这个镜像的双层部分反射表面的透波频带逐渐向低频偏移。结合谐振腔腔体高度 h 的计算公式，由于谐振腔天线的腔体高度和工作频率成反比，所以当腔体高度增大时，频率向低频偏移，同时我们的仿真结果也与腔体高度的计算公式相符合。当腔体高度 h 数值变大时，谐振腔内谐振电磁波的路径时延增加，因此需要更长的谐振波长，这将导致谐振腔的工作频段向低频偏移。当腔体高度 h 为 5.8 mm 时，随着电磁波的入射角度从 0° 变化至 45° 时，传输频率将从 10.74 GHz 变化至 11.60 GHz；当腔体高度 h 为 6.8 mm 时，随着电磁波的入射角度从 0° 变化至 45° 时，传输频率将从 10.58 GHz 变化至 11.44 GHz；当腔体高度 h 为 7.8 mm 时，随着电磁波的入射角度从 0° 变化至 45° 时，传输频率将从 10.49 GHz 变化至 11.35 GHz。工作带宽大约为 0.86 GHz，将作为我们设计谐振腔天线的工作带宽。

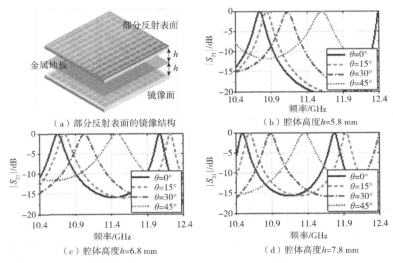

图 2.2.7　部分反射表面的镜像结构及其在不同腔体高度下的传输系数曲线图

图 2.2.8 和图 2.2.9 展示了当腔体高度 h 为 6.8 mm 时，双层镜像部分反射

表面在不同透波角度和透波频率下的电场图。从中可以看出，在透波频率为10.58 GHz的情况下，采用透波角度为0°的平面电磁波照射该双层镜像部分反射表面，可以实现全透射的效果；而采用透波角度为45°的平面电磁波照射该双层镜像部分反射表面，则基本上实现了全反射的效果。与此同时，在透波频率为11.44 GHz的情况下，当采用透波角度为0°和45°的平面电磁波照射该双层镜像部分反射表面时则产生相反的效果。这表明只有在透波角度和透波频率一一对应的情况下，才能实现完全透射并符合空间角度滤波特性，基于此结果则可以完成谐振腔天线所需的波束角度随透波频率变化的功能。

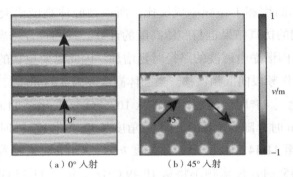

（a）0°入射　　　　（b）45°入射

图2.2.8　双层镜像部分反射表面在10.58 GHz下的电场图

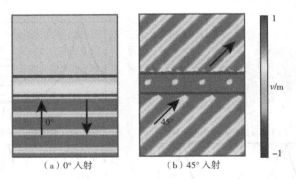

（a）0°入射　　　　（b）45°入射

图2.2.9　双层镜像部分反射表面在11.44 GHz下的电场图

2.2.3　缝隙耦合天线阵馈源

馈源天线是谐振腔天线的重要组成部分，目前谐振腔天线的常见馈源有：矩形喇叭、微带天线、对称阵子、天线阵等。考虑到加工成本和加工难度等问题，微带天线是激励谐振腔天线最常用的馈源。在本节中，由于我们的部分反射表面在实现波束指向随工作频率而变化时需要一个较宽的工作带宽，因此我们加载了厚介质基板的缝隙耦合型微带天线作为馈源。另外，为研究分析谐振腔天线在另一个维度下部分反射表面所带来的双波束频扫特性，最终我们采用一个 1×4 的缝隙耦合天线阵作为馈源。

本节设计的馈源天线具体结构如图 2.2.10 所示，该馈源天线阵采用相对介电常数为 2.2 的介质基板进行设计，每个天线单元之间的距离为 26 mm，这样可以完美避免天线单元之间可能产生的耦合问题，其中每个天线单元的结构尺寸如表 2.2.2 所示。

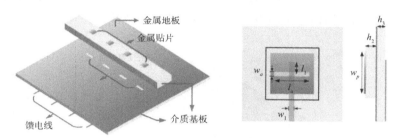

图 2.2.10 1×4 的缝隙耦合天线阵

表 2.2.2 缝隙耦合天线阵的单元尺寸

单位：mm

w_1	w_a	l_a	l_1	w_p	h_2	h_3
1.57	1	6.8	1.8	7	3	0.5

通过采用不同的 Wilkinson 功分器对 1×4 的缝隙耦合天线阵进行馈电，仿真结果如图 2.2.11 所示。采用一个等幅同相位功分器和一个等幅不等相位功分器分别对天线阵进行馈电，以反射系数低于 –10 dB 作为参考标准，缝隙耦合天线阵良好地工作于 10.4~12.4 GHz，这个工作频段足够设计谐振腔天线。该天线阵也有一个稳定的增益带宽，当频率在 10.4~12.4 GHz 范围内变化时增益波动在 2 dB 以内。

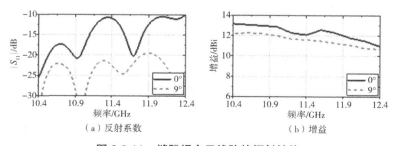

（a）反射系数   （b）增益

图 2.2.11 缝隙耦合天线阵的辐射性能

2.2.4 二维双波束频扫谐振腔天线

本节应用前面设计的基于空间角度滤波超表面的部分反射表面和 1×4 缝隙耦合天线阵来设计二维双波束频扫谐振腔天线。所设计的天线结构如图 2.2.12 所示，采用 1×4 的缝隙耦合阵天线作为馈源，部分反射表面距离金属地板的高度 h 为 6.8 mm，天线采用口径为 140×140 mm² 的正方形结构。为了验证空间角度滤波的部分反射表面在窄频带内实现波束随工作频率扫描的能力，对谐振腔天线结构进行了仿真分析。同时，通过两个不同的功分器分别激励天线阵，分析谐振腔天线在两个不同辐射指向下的波束随频率的扫描特性。

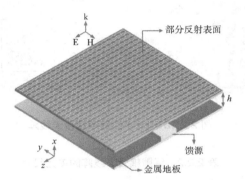

图 2.2.12 双波束频扫谐振腔天线结构示意图

谐振腔天线在不同功分器馈电下的反射系数如图 2.2.13 所示。可以看出，当采用能够实现 $\varphi = 0°$ 方向辐射和 $\varphi = 9°$ 方向辐射的缝隙耦合天线阵作为激励源时，谐振腔天线在 10.4~12.4 GHz 时，其反射系数均低于 −10 dB，说明该天线实现了良好的匹配。

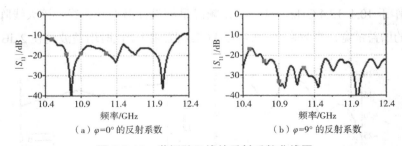

（a）$\varphi=0°$ 的反射系数　　　　（b）$\varphi=9°$ 的反射系数

图 2.2.13 谐振腔天线的反射系数曲线图

图 2.2.14 展示了谐振腔天线实现波束随频率扫描的能力，作为我们所期待的，具有空间滤波特性的部分反射表面能实现波束指向随工作频率的变化而变

化，并且通过不同的功分器馈电，控制馈源阵元间的相位差值来实现谐振腔天线在另一个维度上的波束扫描。同时也可以发现随着工作频率的变化，辐射波束逐渐由笔波束变化为双波束，这是由于所设计的谐振腔天线为对称式结构，因此随着工作频率的变化产生了波束分裂，从而实现了双波束频扫描的功能，这也就是为什么称所设计的谐振腔天线为双波束频扫谐振腔天线。

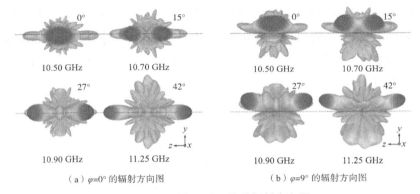

（a）$\varphi=0°$ 的辐射方向图　　　　　　（b）$\varphi=9°$ 的辐射方向图

图 2.2.14　谐振腔天线的辐射方向图

在 $\varphi = 0°$ 方向上，即采用一分四的等幅同相位功分器激励时，谐振腔天线实现了 0°~42° 的波束变化，图 2.2.14（a）中，当辐射波束指向在 0°、±15°、±27° 和 ±42° 时，对应的增益分别为 18.4 dBi、16.7 dBi、17.2 dBi 和 15.8 dBi。在 $\varphi = 9°$ 方向上，即采用一分四的等幅不等相位功分器激励时，谐振腔天线同样实现了 0°~42° 的波束变化，图 2.2.14（b）中，当辐射波束指向在 0°、±15°、±27° 和 ±42° 时，对应的增益分别为 17.2 dBi、16.6 dBi、16.6 dBi 和 14.1 dBi。

综上所述，与馈源天线的增益相比，在形成谐振腔天线后，该天线在 $\varphi = 0°$ 和 $\varphi = 9°$ 两个维度下的主波束增益相较馈源来说分别提升了 5.2 dB 和 5.0 dB，辐射增益显著提高。另外，当谐振腔天线开始进行辐射扫描时，增益会相应地下降，并且在 y 方向上 $\varphi = 9°$，且波束扫描会导致大约 1 dB 的衰减，而通过比较 0° 笔光束和 42° 双波束，可以发现增益大约减少了 3 dB，这个结果是合理的，因为在进行了波束扫描之后，谐振腔天线的相对辐射口径实际上随着辐射扫描角的增大而变小。虽然如此，本节中设计的谐振腔天线在整体上仍获得了出色的波束频率扫描性能，并且遵循了所采用的空间角度滤波超表面的角度滤波特性。

2.2.5 实验验证

在本节中完成了二维双波束频扫谐振腔天线的加工，并在微波暗室中对其辐射性能进行了测试。该谐振腔天线的加工图如图 2.2.15 所示，其总体尺寸为（140×140）mm²，部分反射表面由 23×23 个周期性排列的单元组成，且距离金属地板的高度为 6.8 mm；部分反射表面和馈源天线阵均采用 F4B 微带基板加工，部分反射表面的相对介电常数为 2.65，损耗角正切为 0.001，而馈源天线阵的相对介电常数为 2.2，损耗角正切为 0.001。通过采用两种不同的功分器馈电改变每个天线单元的输入相位，产生不同方向的辐射波束，实现谐振腔天线在不同辐射指向下波束随频率的扫描功能。

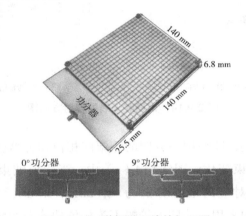

图 2.2.15　谐振腔天线的加工图

谐振腔天线在不同功分器馈电下测试的反射系数如图 2.2.16 所示。可以看出，当采用 $\varphi=0°$ 和 $\varphi=9°$ 方向辐射的缝隙耦合天线阵作为激励源时，谐振腔天线在 10.4~12.4 GHz 时，其反射系数几乎均低于 −10 dB，说明该天线实现了良好的匹配，测试结果与仿真结果基本一致。

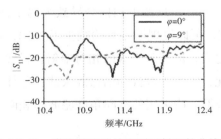

图 2.2.16　谐振腔天线的实测反射系数曲线图

图 2.2.17 和图 2.2.18 展示了谐振腔天线实现二维双波束频扫的测试结果和仿真结果的对比。在 $\varphi = 0°$ 方向上，谐振腔天线实现了 0°~40° 的波束变化，图 2.2.17 中，当辐射波束指向在 0°、±14°、±26° 和 ±40° 时，对应的频率分别为 10.90 GHz、11.50 GHz、11.30 GHz 和 11.65 GHz。在 $\varphi = 9°$ 方向上，即采用一分四的等幅分不等相位功分器激励时，谐振腔天线同样实现了 0°~42° 的波束变化，图 2.2.18 中，当辐射波束指向在 0°、±15°、±27° 和 ±42° 时，对应的频率分别为 10.90 GHz、11.30 GHz、11.70 GHz 和 12.20 GHz。相较于仿真结果，测试结果发生了一些频率偏移以及增益下降，这主要归因于谐振腔天线的加工和实测误差以及材料损耗。但是，该谐振腔天线仍然完美地实现了二维双波束频扫的性能。

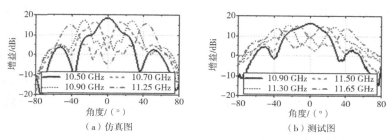

图 2.2.17　$\varphi = 0°$ 时仿真方向图与实测方向图的对比图

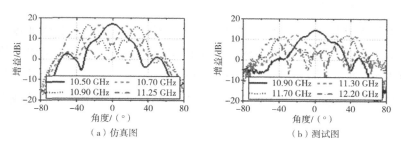

图 2.2.18　$\varphi = 9°$ 时仿真方向图与实测方向图的对比图

2.3　新型双波束双圆极化谐振腔天线

双圆极化天线在卫星通信中得到了广泛应用，可以同时实现接收和发射的功能。双圆极化天线采用左旋圆极化（LHCP）辐射作为上行链路，采用右旋圆极化（RHCP）辐射作为下行链路，同时在有限的空间和带宽内也表现出了极强的减小相邻信道间干扰的能力。

目前，谐振腔天线被用来产生圆极化辐射波束。特别是在研究紧凑的无线和卫星通信系统方面，谐振腔天线引起了专家和学者的关注。其中，圆极化谐振腔天线已被实现，文献 [24] 采用切除对角方形贴片构造的部分反射表面的使线极化（LP）馈电的谐振腔天线工作于圆极化，文献 [26] 和文献 [27] 采用十字形部分反射表面使得正交极化波获得相同的振幅和 90° 相位差，使得斜 45° 馈电的 LP 波转换为圆极化波。然而，现有研究主要使用谐振腔天线完成单圆极化辐射，双圆极化辐射则需要使用两个相互正交的馈源。到目前为止，在现代无线传输系统中，产生分裂的双圆极化波束也可以在减少相邻信道间干扰的情况下提高通信容量。目前，线圆极化超表面分别通过对左旋和右旋提供不同的相位梯度，实现了将一束 LP 波分裂为 LHCP 波和 RHCP 波。因此，希望利用这种将 LP 波分裂为双圆极化辐射波束的超表面来设计谐振腔天线的部分反射表面，实现谐振腔天线的双圆极化辐射。

　　基于这些考虑，我们设计了一款具有线圆极化分波功能的部分反射表面，并将其应用于谐振腔天线中，希望所设计的谐振腔天线能够将来自馈源的 LP 波转换并分裂为高增益的 LHCP 波和 RHCP 波，并实现高效的线 – 圆极化转换。

2.3.1　线圆极化分波超表面

1. 线极化旋转超表面

　　本书以线极化旋转超表面为基础，引出线圆极化分波超表面的设计。图 2.3.1 展示了线极化旋转超表面的整体结构图，其由顶层的 I 形金属贴片、中间层带孔的金属地板贴片以及底层的 I 形金属贴片组成，其中每层金属贴片通过介质基板间隔开来，同时顶层和底层的 I 形金属贴片通过一个金属通孔或者金属柱连接。

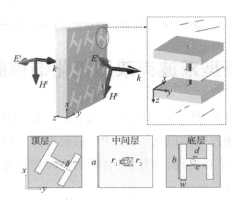

图 2.3.1　线极化旋转超表面的结构示意图

该超表面的底层 I 形金属贴片可以接收 y 极化电磁波 $\hat{y}E_y^i$，并通过金属通孔将接收到的 y 极化电磁波 $\hat{y}E_y^i$ 耦合至顶层的 I 形金属贴片，同时根据顶层的 I 形金属贴片的旋转方向将 y 极化电磁波 $\hat{y}E_y^i$ 旋转为特定方向的线极化电磁波 $\vec{E}^t$，电磁波 $\vec{E}^t$ 包括 x 极化分量 E_x^t 和 y 极化分量 E_y^t，并且可以表示如下：

$$\vec{E}^t = \hat{x}E_x^t + \hat{y}E_y^t = (\hat{x}t_{x,y} + \hat{y}t_{y,y})E_y^i \tag{2-15}$$

其中，$t_{x,y}$ 指 y 极化电磁波转换到 x 极化电磁波的传输系数，$t_{y,y}$ 则为 y 极化电磁波转换到 y 极化电磁波的传输系数。

通过对上述超表面进行仿真分析，该超表面设计在相对介电常数为 3.5、厚度为 1 mm 的介质基板上，且中心频率为 15 GHz，仿真优化后得到的单元尺寸参数如表 2.3.1 所示。

表 2.3.1 线极化旋转超表面的单元尺寸

单位：mm

a	b	c	d	w	r_1	r_2
5	2.9	2	0.35	0.6	0.4	0.8

图 2.3.2 展示了顶层的 I 形金属贴片的旋转角度 δ 从 0° 变化至 90° 时，线极化旋转超表面单元的透射率和透射相位在 15 GHz 时的变化情况。从中可以看出，该超表面单元的总透射率 $|t|^2 = |t_{x,y}|^2 + |t_{y,y}|^2$，并在 15 GHz 下基本实现了接近 100% 的传输效果。与此同时，当顶层的 I 形金属贴片旋转时，相应的透射相位基本保持恒定，且 $\varphi_{y,y}$ 和 $\varphi_{x,y}$ 之间相差 180°。其中，传输分量 $t_{y,y}$ 和 $t_{x,y}$ 满足如下公式：

$$t_{y,y} = |t|\,e^{j\varphi_{y,y}}\,|\cos\delta| \tag{2-16}$$

$$t_{x,y} = |t|\,e^{j\varphi_{x,y}}\,|\sin\delta| \tag{2-17}$$

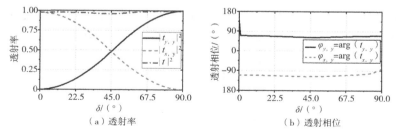

（a）透射率　　　　　　　　　　（b）透射相位

图 2.3.2 线极化旋转超表面的透射率和透射相位在 15 GHz 处随 δ 变化的示意图

通过式（2-16）和式（2-17）可以看出，该超表面可以传输线极化电磁波，且传输波的极化方向与顶层的 I 形金属贴片的旋转方向一致，实现了线极化电磁波极化方向的旋转。基于此，完成了线极化旋转器的设计。

2. 线极化和圆极化的等效关系

众所周知，一束线极化波可以在左旋圆极化波和右旋圆极化波叠加后进行表示，因此对于线极化旋转器所产生的透射电磁波 $\vec{E}^t$ 则可以被表示为左旋圆极化电磁波分量 E_L^t 和右旋圆极化电磁波分量 E_R^t 的叠加，其具体表达式如下：

$$\vec{E}^t = \hat{L}E_L^t + \hat{R}E_R^t \qquad (2-18)$$

其中，单位矢量 $\hat{L} = (\hat{x} + j\hat{y})/\sqrt{2}$ 表示左旋圆极化的酉矢量，单位矢量 $\hat{R} = (\hat{x} - j\hat{y})/\sqrt{2}$ 表示右旋圆极化的酉矢量。

根据式（2-15）~ 式（2-18），通过推导可以得出左旋圆极化电磁波分量 E_L^t 和右旋圆极化电磁波分量 E_R^t 的表达式，具体推导过程如下：

首先，对于线极化分量合成的透射电磁波 $\vec{E}^t$，我们有：

$$\vec{E}^t = \hat{x}E_x^t + \hat{y}E_y^t = (\hat{x}t_{x,y} + \hat{y}t_{y,y})E_y^i = \hat{x}|t|e^{j\varphi_{x,y}}|\sin\delta|E_y^i + \hat{y}|t|e^{j\varphi_{y,y}}|\cos\delta|E_y^i \qquad (2-19)$$

其次，对于圆极化分量合成的透射电磁波 $\vec{E}^t$，我们有：

$$\vec{E}^t = \hat{L}E_L^t + \hat{R}E_R^t = \frac{\hat{x}}{\sqrt{2}}(E_L^t + E_R^t) + \frac{j\hat{y}}{\sqrt{2}}(E_L^t - E_R^t) \qquad (2-20)$$

根据式（2-19）和式（2-20），可以得出：

$$|t|e^{j\varphi_{x,y}}|\sin\delta|E_y^i = \frac{1}{\sqrt{2}}(E_L^t + E_R^t) \qquad (2-21)$$

$$|t|e^{j\varphi_{y,y}}|\cos\delta|E_y^i = \frac{j}{\sqrt{2}}(E_L^t - E_R^t) \qquad (2-22)$$

因此联立式（2-21）和式（2-22），其中 $\varphi_{y,y} = \varphi_{x,y} + \pi$，解二元一次方程组可得左旋圆极化电磁波分量 E_L^t 和右旋圆极化电磁波分量 E_R^t 的表达式分别为：

$$E_L^t = \frac{1}{\sqrt{2}}|t|E_y^i e^{j(\delta + \varphi_{y,y})} \qquad (2-23)$$

$$E_R^t = \frac{1}{\sqrt{2}}|t|E_y^i e^{j(-\delta + \varphi_{y,y})} \qquad (2-24)$$

根据式（2-23）和式（2-24）可得，左旋圆极化电磁波分量和右旋圆极化电磁波分量的透射幅度均为 $\frac{1}{\sqrt{2}}|t|$，左旋圆极化电磁波分量的透射相位为 $\varphi_L =$

$\delta + \varphi_{y,y}$，右旋圆极化电磁波分量的透射相位为 $\varphi_L = -\delta + \varphi_{y,y}$。

下面对圆极化分量的透射率和透射相位的变化进行仿真验证，图 2.3.3 展示了圆极化的透射率和透射相位在 15 GHz 处随 δ 的变化情况。可以看出，随着旋转角度 δ 从 0° 变化至 360°，圆极化的透射率基本稳定在 0.5 左右，与前面的理论分析一致，即 $(\frac{1}{\sqrt{2}}|t|)^2 = 0.5$。与此同时，对于左旋圆极化的透射相位，随着旋转角度 δ 从 0° 变化至 360°，其呈增加趋势；对于右旋圆极化的透射相位，随着旋转角度 δ 从 0° 变化至 360°，其呈减小趋势；其变化规律与前面的理论分析相吻合，虽然两个透射相位均产生了一个常数项的偏移量，但这并未影响透射相位的变化规律。

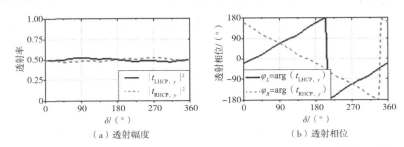

（a）透射幅度　　　　　　　　（b）透射相位

图 2.3.3　圆极化的透射幅度和透射相位在 15 GHz 处随 δ 变化的示意图

3. 线圆极化分波超表面

根据上节线极化和圆极化的等效关系可以看出，随着 I 形金属贴片的旋转角度 δ 从 0° 变化至 360°，左旋圆极化的透射相位和右旋圆极化的透射相位呈相反的变化趋势。因此，根据广义折射定律，如果将线极化旋转器顶层的 I 形金属贴片进行梯度旋转排列并组阵，考虑到左旋圆极化和右旋圆极化的透射相位呈相反的变化趋势，如果一束线极化波照射至该线极化旋转器所组成的阵列，将会被分裂成一个左旋圆极化波束和一个右旋圆极化波束，从而实现线圆极化分波超表面的设计。

下面对线圆极化分波超表面的设计作具体描述，所提出的线圆极化分波超表面的具体结构形式，如图 2.3.4 所示。可以看出，顶层的 I 形金属贴片被设置为梯度排列的形式，而不再是前文所述的线极化旋转超表面的周期性排列方式。为了获得不同角度的双圆极化辐射波束，I 形金属贴片的梯度可以根据式（2-25）进行计算：

$$\Phi(x,y) = -k(x\sin\theta_0\cos\varphi_0 + y\sin\theta_0\cos\varphi_0) + \Phi_0 \qquad （2-25）$$

其中，k 为自由空间的波数，(x,y) 为每个单元的坐标，(θ_0, φ_0) 为波束的辐射指向。为了实现线圆极化分波功能，这里以左旋圆极化为参考，如果选择左旋圆极化波的波束指向为 (θ_0, φ_0)，那么通过式（2-25）则可以得出左旋圆极化相应的相位梯度。在此基础上，根据图 2.3.3 所获得的透射相位与旋转角度 δ 的变化关系，则可以完成 I 形金属贴片的梯度排列设计。同时，对于目前已经排列好的 I 形金属贴片，右旋圆极化则拥有相反的相位梯度，可以得出右旋圆极化波的波束指向为 $(-\theta_0, \varphi_0)$。最终完成了线圆极化分波超表面的设计。下面举一个具体实施的例子，选择左旋圆极化波束和右旋圆极化波束的辐射指向分别为（-30°，0°）和（30°，0°），以此为基础分析线圆极化分波超表面能否将一束线极化波转换并分裂为左旋圆极化波束和右旋圆极化波束，其仿真分析结果如图 2.3.5 和图 2.3.6 所示。

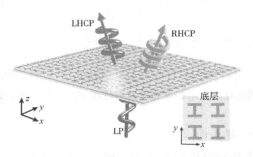

图 2.3.4　线圆极化分波超表面的结构示意图

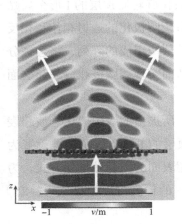

图 2.3.5　线圆极化分波超表面
在 15 GHz 处的电场分布图

在进行仿真分析的过程中，我们采用一束 y 极化方向的线极化平面电磁波作为辐射源照射至线圆极化分波超表面，分析线圆极化分波超表面的近场和远场变化。图 2.3.5 展示了线圆极化分波超表面在 15 GHz 处的电场分布图，从中可以看出，当 y 极化方向的线极化平面电磁波照射至线圆极化分波超表面后被分裂成两个方向的电场，实现了波束分裂的功能。图 2.3.6 则展示了线圆极化分波超表面在 15 GHz 处的远场方向图，从中可以看出，远场方向图同样产生了波束分裂，而且一个波束的极化为左旋圆极化，另一个波束的极化为右旋圆极化，具有相反的辐射方向。

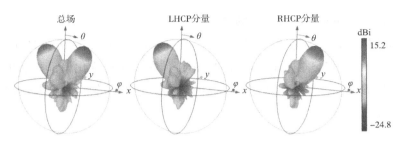

総场　　　　　　　LHCP分量　　　　　　RHCP分量

图 2.3.6　线圆极化分波超表面在 15 GHz 下的远场方向图

上述结果验证了线圆极化分波超表面的线圆极化分波功能，最终得出如下结果：如果照射至超表面单元的一束线极化所产生的两个相互正交的圆极化分量，其透射相位具有相反的变化趋势，那么对这种超表面单元进行合适的梯度排列并组阵后，则可以实现将一束线极化波转换并分裂为左旋圆极化波和右旋圆极化波，最终实现线圆极化分波的功能。

2.3.2　线圆极化分波的部分反射表面

在上一小节中，我们以线极化旋转超表面为基础，最终引出了线圆极化分波超表面的设计。在本节中，我们将以线圆极化分波超表面为基础，进一步完成具有线圆极化分波功能的部分反射表面的设计，为后续研究新型双波束双圆极化谐振腔天线的设计奠定基础。

为确保所设计的部分反射表面与线圆极化分波超表面具有相同的电磁特性，因此部分反射表面的设计应采用与线圆极化分波超表面类似的结构。下面对该结构的工作机理作进一步描述：该超表面单元可以看作天线 – 滤波 – 天线的结构，其中，底层的 I 形金属贴片作为接收天线，当其接收到一束电磁波后，通过金属地板贴片中心的缝隙实现滤波功能，然后经过滤波功能所选择的电磁波将通过金属柱传导至顶层的 I 形金属贴片，而顶层的 I 形金属贴片可以被视为发射天线，将最终接收到的电磁波发射出去，以上即为整个超表面单元的工作机理。因此，根据上述工作机理，考虑到天线尺寸的变化会导致天线的工作频率变化，I 形金属贴片可以被视为微带天线的一种，属于窄带天线。因此当 I 形金属贴片的尺寸发生变化时，其工作频率也会发生明显改变。在此基础上，如果考虑将底层的 I 形金属贴片（接收天线）的尺寸缩小或者增大，使其工作频率发生偏移，就能确保 I 形金属贴片只能在原有工作频率下接收到部分能量。这样，由于滤波结构的尺寸未发生变化，只有原有频率下的电磁波能穿过滤波孔被 I 形金属贴片（发射天线）接收，从而实现部分反射的性能。

下面开始对这个具有线圆极化分波功能的部分反射表面进行具体设计，该结构的示意图如图 2.3.7 所示。通过对 I 形金属贴片进行优化设计，缩小了底层 I 形金属贴片的尺寸，最终实现部分反射的功能，优化后的部分反射表面的具体尺寸如表 2.3.2 所示。

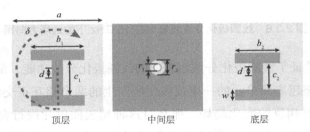

图 2.3.7　部分反射表面的结构示意图

表 2.3.2　部分反射表面的单元尺寸

单位：mm

a	b_1	b_2	c_1	c_2	d	w	r_1	r_2
5	3.2	1.7	2.2	1.5	0.28	0.4	0.4	0.8

下面通过仿真分析验证该部分反射表面的反射特性和线圆极化分波特性，其结果如图 2.3.8 和图 2.3.9 所示。

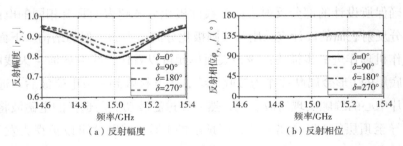

图 2.3.8　部分反射表面的反射性能

图 2.3.8 展示了部分反射表面的反射性能。可以看出，当旋转角度 δ 从 0° 变化至 270° 时，该部分反射表面仅透射部分电磁波，实现了部分反射的特性。与此同时，其反射幅度 $|r_{y,y}|$ 随着旋转角度 δ 的变化产生了微小的波动，在中心频率 15 GHz 处，反射幅度 $|r_{y,y}|$ 由 0.79 变化至 0.85。而反射相位在旋转角度 δ 从 0° 变化至 270° 时，基本保持稳定，且在中心频率 15 GHz 处为 136°。这些结果可以

表明部分反射表面已能满足谐振腔天线所需的部分反射特性，通过目前已知的反射相位，根据谐振腔天线的腔体高度计算公式［式（2–11）］，可以得出谐振腔天线的腔体高度约为 9 mm。

图 2.3.9（a）和图 2.3.9（b）展示了部分反射表面的线极化分量透射性能（用于分析线圆极化分波特性）。可以看出，当旋转角度 δ 从 0° 变化至 90° 时，其线极化分量透射辐射 $|t_{y,y}|$ 和 $|t_{x,y}|$ 的变化规律与式（2–16）和式（2–17）一致，且总透射率 $|t|^2 = |t_{x,y}|^2 + |t_{y,y}|^2$ 的关系式仍保持不变，但与前面的线极化旋转超表面不同的是，这里的总透射率 $|t|^2$ 在 0.3~0.4 波动，仅呈现部分透射的性能。另外，线极化分量的透射相位在旋转角度 δ 变化时基本保持恒定的值，且 $\varphi_{y,y}$ 和 $\varphi_{x,y}$ 之间相差仍为 180°。这表明部分反射表面的线极化分量透射性能可以满足辐射线圆极化分波功能的设计需求。

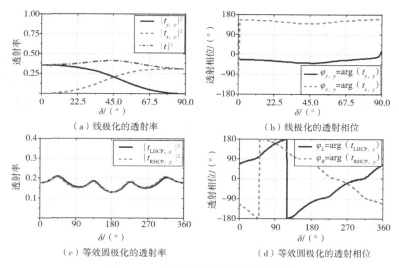

（a）线极化的透射率

（b）线极化的透射相位

（c）等效圆极化的透射率

（d）等效圆极化的透射相位

图 2.3.9　部分反射表面的透射性能

图 2.3.9（c）和图 2.3.9（d）展示了部分反射表面的圆极化分量透射性能（用于分析线圆极化分波特性）。可以看出，当旋转角度 δ 从 0° 变化至 360° 时，其圆极化分量的透射辐射 $|t_{\mathrm{LHCP},y}|^2$ 和 $|t_{\mathrm{RHCP},y}|^2$ 相等，且等于 $\left(\dfrac{1}{\sqrt{2}}|t|\right)^2$，与前面的理论分析一致。同时，左旋圆极化的透射相位随旋转角度 δ 从 0° 变化至 360° 呈增加趋势；而右旋圆极化的透射相位则随旋转角度 δ 从 0° 变化至 360° 呈减小趋势。这种变化规律同样与前述理论分析相吻合，需要注意的是，尽管两个透射相位均产

生了一个常数项的偏移量，但这并未影响透射相位的变化规律。

从上述仿真结果可以看出，当旋转角度 δ 发生变化时，部分反射表面的线极化分量和圆极化分量的透射性能均与前一节所述的线圆极化分波超表面所需的透射性能一致。唯一的差异在于部分反射表面仅能实现部分电磁波的透射性能。这表明本节所设计的部分反射表面已成功兼顾了线圆极化分波的性能和部分反射的性能，因此基于该部分反射表面，将具备实现双波束双圆极化谐振腔天线的设计能力，并同时产生辐射指向相反、极化旋度相反的两个圆极化波束。

2.3.3 双波束双圆极化谐振腔天线

在本节中，我们将设计双波束双圆极化谐振腔天线。谐振腔天线的结构示意如图 2.3.10 所示，包括具有线圆极化分波功能的部分反射表面、缝隙耦合天线馈源和金属地板三部分，在本节的设计中，我们选择了（100×100）mm² 谐振腔天线辐射口径，用于实现双波束双圆极化辐射的功能。部分反射表面安装在金属地板上方，而腔体的高度根据之前的计算选择为 9 mm，以构建高定向性辐射的谐振腔天线。在此基础上，我们通过合适的梯度排列对部分反射表面上顶层的 I 形金属贴片进行调整，以创造相反的相位梯度来实现双波束双圆极化辐射。其中所需的相位梯度同样可以通过式（2–25）计算得出。

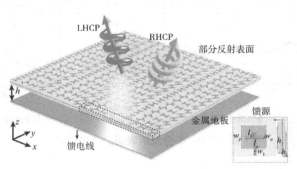

图 2.3.10　双波束双圆极化谐振腔天线的结构示意图

下面我们首先来完成缝隙耦合微带天线馈源的设计，该结构与 2.2.3 节中所设计的缝隙耦合微带天线单元的结构一致，唯一的区别在于工作频率的不同，这也意味着天线的具体尺寸不同，通过重新优化设计，本节中缝隙耦合微带天线的尺寸如表 2.3.3 所示。图 2.3.11 展示了该天线在不同频率下的辐射性能，从中可以看出，在 15 GHz 下的辐射增益为 7.2 dBi，而在 E 面和 H 面方向上，天线的 3 dB 波束宽度分别为 69.3° 和 77.6°。同时，–10 dB 反射系数的工作带宽为 12.5~16.5 GHz，–3 dB 反射系数的增益带宽为 12.0~19.0 GHz。至此，我们成功地完成了谐振腔天线的馈源设计，并确保了其辐射性能满足谐振腔天线的需求。

表 2.3.3   馈源的尺寸

单位：mm

w_1	w_a	l_a	l_1	w_p	h_2	h_1
1.46	1	5	1.2	4.7	3	0.5

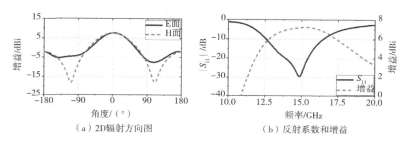

（a）2D辐射方向图   （b）反射系数和增益

图 2.3.11   馈源的辐射性能

1. 双笔波束双圆极化谐振腔天线

首先我们来研究关于谐振腔天线实现双笔波束双圆极化辐射的设计。根据前文理论分析可知，双笔波束双圆极化实现的关键在于部分反射表面的设计，只有对部分反射表面上的顶层 I 形金属贴片进行合理的设计，才能实现谐振腔天线所要求的功能。在本次设计中，要求谐振腔天线在辐射方向上满足以下条件：对于左旋圆极化，要求（θ_0, φ_0）=（–20°，0°）；对于右旋圆极化，要求（θ_0, φ_0）=（20°，0°）。因此根据式（2-25）可以计算出部分反射表面上顶层 I 形金属贴片的相位补偿，同时对照图 2.3.9（b）确定顶层 I 形金属贴片的旋转角度，如图 2.3.12（a）所示。基于上述旋转角度分布，我们对部分反射表面的顶层 I 形金属贴片进行了梯度排列，从而得出了该部分反射表面的实际结构，如图 2.3.12（b）所示。

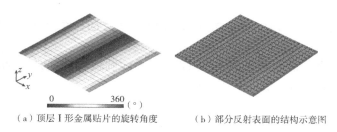

（a）顶层 I 形金属贴片的旋转角度   （b）部分反射表面的结构示意图

图 2.3.12   部分反射表面上顶层 I 形金属贴片的旋转角度和结构示意图

以上便完成了谐振腔天线部分反射表面的设计，在此基础上结合馈源和金属地板，根据前文计算选择腔体高度为 9 mm，在全波仿真软件中对谐振腔天线进行仿真，并验证其双笔波束双圆极化的辐射性能。如图 2.3.13 所示，展示了谐振腔天线的反射系数曲线，从中可以观察到，在工作频率范围为 14.94~15.04 GHz，反射系数低于 –10 dB，这表明该频段为谐振腔天线的最佳工作频段。

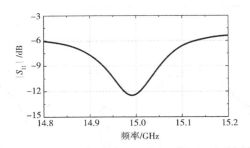

图 2.3.13　双笔波束双圆极化谐振腔天线的反射系数曲线图

图 2.3.14 展示了该谐振腔天线在 15 GHz 下的辐射方向图。从中可以看出，该谐振腔天线成功实现了双笔波束辐射，且在 –20° 辐射角度下实现了左旋圆极化笔波束辐射，其辐射增益为 14.2 dBic。同时，在 20° 辐射角度下实现了右旋圆极化笔波束辐射，其辐射增益为 14.1 dBic。通过上述结果可以证明，所设计的谐振腔天线能够将馈源辐射的线极化波转换并分裂为左旋圆极化和右旋圆极化笔波束辐射。

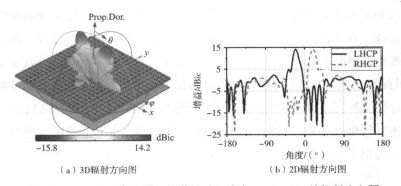

（a）3D辐射方向图　　　　　　（b）2D辐射方向图

图 2.3.14　双笔波束双圆极化谐振腔天线在 15 GHz 下的辐射方向图

图 2.3.15 为该谐振腔天线在 15 GHz 下的线圆极化转换效率和轴比。其中，线圆极化转换效率可以通过下式计算：

$$\eta_{CP} = \frac{||E_L|^2 - |E_R|^2|}{|E_L|^2 + |E_R|^2} \tag{2-26}$$

其中，$|E_L|$ 为左旋圆极化分量的电场幅度，$|E_R|$ 为右旋圆极化分量的电场幅度。从图 2.3.15 中可以看出，在辐射指向左旋圆极化分量和右旋圆极化分量的线圆极化转换效率分别为 98.7% 和 95.6%，这说明谐振腔天线具有较高的极化转换效率，且线圆极化转换功能也较为出色。同时，谐振腔天线在左旋圆极化分量处的轴比为 1.3 dB，在右旋圆极化分量处的轴比为 2.4 dB，二者的轴比均低于 3 dB，由此可见，线圆极化转换性能良好。

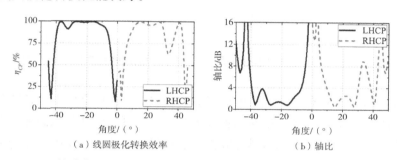

（a）线圆极化转换效率　　　　　　　　（b）轴比

图 2.3.15　双笔波束双圆极化谐振腔天线在 15 GHz 下的线圆极化转换效率和轴比

2. 双涡旋波束双圆极化谐振腔天线

轨道角动量的涡旋波辐射是一种新兴的通信方式，其可以在同一频段内并行传输多路信息，从而显著提高频谱利用率。由于当前复杂的通信环境，仅能传输单一信息的传统笔波束辐射天线已难以满足通信需求，因此，人们期望通过天线来产生涡旋波辐射。与传统的笔波束相比，涡旋波增加了一个相位旋转因子，使得涡旋波的波前呈螺旋式沿着电磁波的传播方向前进。为实现涡旋波的产生，各个单元所需要的相位补偿为

$$\Phi(x,y) = -k(x\sin\theta_0\cos\varphi_0 + y\sin\theta_0\cos\varphi_0) + l\arctan(y/x) + \Phi_0 \qquad （2-27）$$

其中，l 代表涡旋波的模式数。

下面研究谐振腔天线实现双涡旋波束双圆极化辐射的设计。在本次设计中，我们要求谐振腔天线的辐射方向为：对于左旋圆极化涡旋波束要求 $(\theta_0, \varphi_0, l) = (-30°, 0°, 1)$，对于右旋圆极化涡旋波束要求 $(\theta_0, \varphi_0, l) = (30°, 0°, -1)$。因此根据式（2-27）可以得出部分反射表面上顶层 I 形金属贴片的相位补偿，同时根据图 2.3.9（b）可以得出顶层 I 形金属贴片的旋转角度，具体如图 2.3.16（a）所示。基于上述旋转角度分布，对部分反射表面的顶层 I 形金属贴片进行梯度排列，从而得出该部分反射表面的实际结构，如图 2.3.16（b）所示。从中可以看出，相比

双笔波束，双涡旋波束由于引入了涡旋波的相位因子，部分反射表面上顶层 I 形金属贴片的排列方式有所变化。

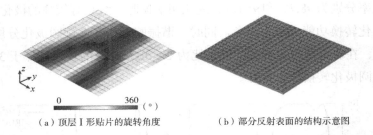

（a）顶层 I 形贴片的旋转角度　　　　（b）部分反射表面的结构示意图

图 2.3.16　部分反射表面上顶层 I 形金属贴片的旋转角度和结构示意图

以上便完成了谐振腔天线部分反射表面的设计，在此基础上结合馈源和金属地板，同样在全波仿真软件中对谐振腔天线进行仿真，验证其双涡旋波束双圆极化的辐射性能。图 2.3.17 为该谐振腔天线的反射系数曲线，从中可以看出在工作频率范围为 14.95~15.03 GHz，反射系数低于 –10 dB，这意味着该频段为谐振腔天线的最佳工作频段。

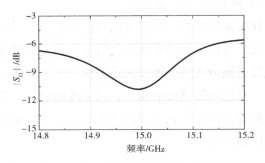

图 2.3.17　双涡旋波束双圆极化谐振腔天线的反射系数曲线图

图 2.3.18 展示了该谐振腔天线在 15 GHz 下的辐射方向图。从中可以看出，该谐振腔天线成功实现了双涡旋波束辐射。对于左旋圆极化涡旋波束，产生了向中心凹陷的辐射波束，同时辐射增益在 –29° 时为 8.9 dBic，在 –13° 时为 8.0 dBic；对于右旋圆极化涡旋波束，同样产生了中心凹陷的辐射波束，同时辐射增益在 13° 时为 9.1 dBic，在 29° 时为 7.3 dBic。通过上述结果可以证明，所设计的谐振腔天线成功地将馈源辐射的线极化波转换并分裂为左旋圆极化涡旋波和右旋圆极化涡旋波束辐射。此外，图 2.3.19 展示了该谐振腔天线在 15 GHz 下电场的幅度和相位。为了深入了解涡旋波的辐射性能，我们在距离天线主面

2750 mm 处设置了一个观察面，其尺寸为 700 mm × 700 mm，并倾斜地放置在左旋圆极化涡旋波束和右旋圆极化涡旋波束的正前方，用于观察两个辐射波束电场的幅度和相位的变化。可以发现，两个辐射波束的电场幅度均在中心位置呈凹陷态势，而在边缘位置能量较强，这与涡旋波的基本特征相一致；与此同时，电场的相位变化也呈符合涡旋波的轮廓形状，在左旋圆极化涡旋波处的模式和右旋圆极化涡旋波的模式相反，分别为 $l=1$ 和 $l=-1$，符合相关的设计。

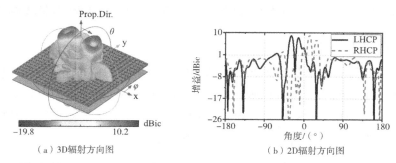

（a）3D辐射方向图　　　　　　　　　（b）2D辐射方向图

图 2.3.18　双涡旋波束双圆极化谐振腔天线在 15 GHz 下的远场方向图

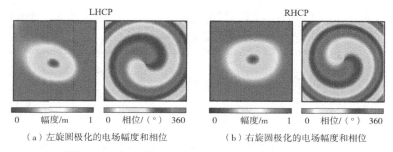

（a）左旋圆极化的电场幅度和相位　　　　（b）右旋圆极化的电场幅度和相位

图 2.3.19　双涡旋波束双圆极化谐振腔天线在 15 GHz 下的电场幅度和相位

图 2.3.20 为该谐振腔天线在 15 GHz 下的线圆极化转换效率和轴比，其中极化转换效率可以通过式（2-26）进行计算。可以看出，对于左旋圆极化涡旋波束分量，线圆极化转换效率在 −29° 时为 91.68%，在 −13° 时为 97.1%；对于右旋圆极化涡旋波束分量，线圆极化转换效率在 13° 时为 88.1%，在 29° 时为 90.7%。这表明谐振腔天线同样实现了较好的双圆极化涡旋波束性能。同时，对于左旋圆极化涡旋波束分量，轴比在 −29° 时为 1.6 dB，在 −13° 时为 2.1 dB；而对于右旋圆极化涡旋波束分量，轴比在 13° 时为 3 dB，在 29° 时为 0.2 dB。这证明涡旋波束的线圆极化转换性能良好。

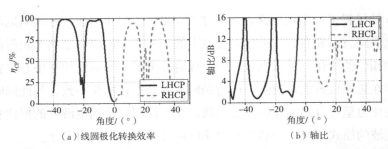

（a）线圆极化转换效率	（b）轴比

图 2.3.20　双涡旋波束双圆极化谐振腔天线在 15 GHz 下的线圆极化转换效率和轴比

2.3.4　实验验证

　　我们加工了这个谐振腔天线并在微波暗室中测试了它的辐射性能，图 2.3.21 是该谐振腔天线的测试场地和加工模型，其中该部分反射表面的中间层具有微小的厚度，导致顶层 I 形金属贴片和底层 I 形金属贴片无法正常通信，因此需要在每个金属通孔上焊接金属丝线以保证 I 形金属贴片的正常连通。

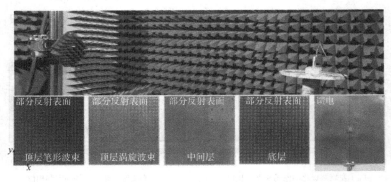

图 2.3.21　双波束双圆极化谐振腔天线的测试场地和加工图

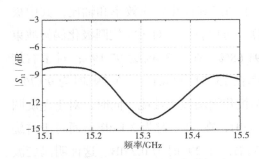

图 2.3.22　双笔波束双圆极化谐振腔
天线的反射系数曲线图

　　1. 双笔波束双圆极化谐振腔天线

　　如图 2.3.22 所示，展示了该谐振腔天线测试的反射系数曲线，从中可以看出，在工作频率范围为 15.2~15.4 GHz，反射系数通常低于 −10 dB，这表明该频段为谐振腔天线的最佳工作频段。此外，还可以发现相对于仿真的工作频段，经加工后进行的实测工作频段产生了 0.3 GHz 左右的频偏。

图 2.3.23 展示了该谐振腔天线在 15.3 GHz 下实测的辐射方向图和轴比。从中可以看出，该谐振腔天线成功实现了双笔波束辐射，且在 –19° 辐射角度下实现了左旋圆极化笔波束辐射，其辐射增益为 13.2 dBic，而在 18° 辐射角度下同样实现了右旋圆极化笔波束辐射，其辐射增益为 13.6 dBic。通过上述结果可以证明，所设计的谐振腔天线能够将馈源辐射的线极化波转换并分裂为左旋圆极化和右旋圆极化笔波束辐射。与此同时，谐振腔天线在左旋圆极化分量处的轴比为 1.1 dB，而在右旋圆极化分量处的轴比则为 2.9 dB，二者的轴比均低于 3 dB 且线圆极化转换性能良好。与仿真结果进行对比，可以发现，实测产生了微小的辐射指向偏移和增益的下降，这主要是由材料本身的实际损耗和加工误差问题导致的，但是整体的实测结果仍满足谐振腔天线所需的双笔波束双圆极化功能。

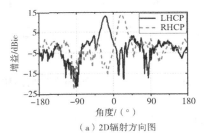
（a）2D辐射方向图

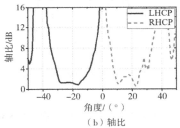
（b）轴比

图 2.3.23　双笔波束双圆极化谐振腔天线在 15.3 GHz 下的 2D 辐射方向图和轴比

2. 双涡旋波束双圆极化谐振腔天线

如图 2.3.24 所示，展示了该谐振腔天线测试的反射系数曲线，可以看出，在工作频率范围为 15.2~15.4 GHz，反射系数通常低于 –10 dB，这表明此频段为谐振腔天线的最佳工作频段。此外还可以发现相对于仿真的工作频段，经加工后进行的实测工作频段同样产生了 0.3 GHz 左右的频偏。

图 2.3.25 展示了该谐振腔天线在 15 GHz 下实测的辐射方向图和轴比。

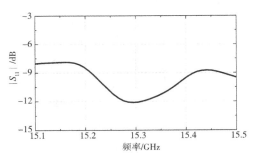

图 2.3.24　双涡旋波束双圆极化谐振腔天线的反射系数曲线图

从中可以看出，该谐振腔天线成功实现了双涡旋波束辐射。对于左旋圆极化涡旋波束，辐射增益在 –27° 时为 8.2 dBic，在 –11° 时为 6.9 dBic；对于右旋圆极化涡旋波束，辐射增益在 12° 时为 7.9 dBic，在 27° 时为 7.6 dBic。通过上述结果可以证明，所设计的谐振腔天线能够将馈源辐射的线极化波转换并分裂为左旋圆极化和右旋圆极化涡旋波束辐射。与此同时，对于左旋圆极化涡旋波分量，轴比在 –27° 时为 2.8 dB，在 –11° 时为 1.4 dB；对于右旋圆极化涡旋波分量，线圆极化转换效率在 12° 时为 3.1 dB，在 27° 时为 2.9 dB。这表明涡旋波的线圆极化转换性能基本良好。同样，与仿真结果进行对比，可以发现，实测产生了微小的辐射指向偏移和增益的下降。

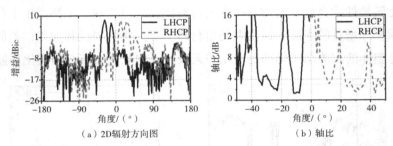

（a）2D辐射方向图　　　　　　　　（b）轴比

图 2.3.25　双涡旋波束双圆极化谐振腔天线在 15.3 GHz 下的 2D 辐射方向图和轴比

图 2.3.26 为该谐振腔天线在 15.3 GHz 下测试电场的幅度和相位。可以发现，两个辐射波束的电场幅度均在涡旋波起始的中心位置呈凹陷态势，而在边缘位置能量较强，这与涡旋波的基本特征相一致；同时，电场的相位变化也呈符合涡旋波的轮廓形状，在左旋圆极化涡旋波处的模式和右旋圆极化涡旋波的模式相反，分别为 $l = 1$ 和 $l = -1$，符合相关的设计。

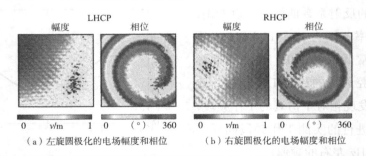

（a）左旋圆极化的电场幅度和相位　　　（b）右旋圆极化的电场幅度和相位

图 2.3.26　双涡旋波束双圆极化谐振腔天线在 15.3 GHz 下的电场幅度和相位

2.4　新型多极化谐振腔天线

近年来，将超表面应用于谐振腔天线的设计已被广泛报道。谐振腔天线利用空间角度可调的超表面或相位调制超表面作为部分反射面，实现了波束扫描功能，而以 Janus 超表面作为部分反射面的反射模式（R-mode）谐振腔天线则已经实现了大角度波束扫描和宽带高增益。同时，通过将接收 – 发射超表面应用于谐振腔天线中作为部分反射表面，实现了圆极化辐射、360° 圆极化波束控制和高口径效率辐射。此外，还提出了双圆极化谐振腔天线的方法：第一种是利用具有一对切角的方形贴片作为部分反射表面，并采用一个 x 极化天线和一个 y 极化天线作为馈源；第二种是在金属地板与部分反射表面之间引入折线形极化转换器，并以双线极化天线作为馈源；第三种是利用线 – 圆极化转换极化分波器作为部分反射表面产生双圆极化分裂波束；第四种是采用手性超材料作为部分反射表面。总体来说，基于超表面的谐振腔天线已在现有研究中成功实现了波束控制、单线极化 / 圆极化辐射和双线极化 / 圆极化辐射，但鲜有研究证明基于超表面的多极化谐振腔天线的实现。因此，将超表面作为谐振腔天线的部分反射表面以产生多极化波束变得非常必要。

基于上述因素，本节将多极化部分反射超表面引入谐振腔天线的设计中，通过整合多极化缝隙耦合贴片天线作为馈源，实现多极化辐射。所设计的多极化谐振腔天线可以在馈源发射 0°、45° 和 –45° 线极化波时，辐射出线极化、左旋圆极化和右旋圆极化波。同时，对该谐振腔天线进行了加工和测试，测试结果显示谐振腔天线具备多极化辐射功能，其中线极化波束的增益带宽为 9.1~10.2 GHz，左旋圆极化波束的轴比和增益带宽分别为 9.0~10.0 GHz 和 9.2~10.0 GHz，右旋圆极化波束的轴比和增益带宽则分别为 9.0~10.0 GHz 和 9.3~10.0 GHz。

2.4.1　多极化部分反射超表面

基于多极化谐振腔天线的设计需求，下面给出了多极化部分反射超表面的设计，具体结构如图 2.4.1 所示，该结构包括第一层的方形金属贴片、第二层带方形缝隙的金属地板、第三层的方形金属贴片和第四层的方形金属环，每层金属贴片均采用相对介电常数为 3.5 且损耗角正切为 0.001 的介质基板隔开，该多极化部分反射超表面的具体结构尺寸如表 2.4.1 所示。对于所设计的部分超表面，第一、二、三层所组成的对称形双线极化结构，通过调整 x 方向和 y 方向下方形金属贴片的电长度，使其相位相差 90°，同时保证透射幅度相等，在 0°、45°、–45°线极化波的馈电下则可以实现线极化辐射、左旋圆极化辐射和右旋圆极化辐射；而第四层方形金属环结构的作用在于使得整个超表面实现部分反射的性能，同时

保证 x 极化和 y 极化下的反射相位相等,这样才能使谐振腔天线实现良好的腔体谐振。

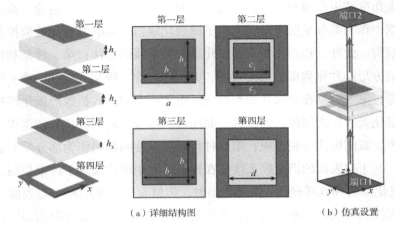

（a）详细结构图   （b）仿真设置

图 2.4.1   多极化部分反射超表面的结构示意图

表 2.4.1   多极化部分反射超表面的单元尺寸

单位:mm

a	b_1	b_2	c_1	c_2	d	h_1	h_2	h_3
8	6	5	5	4	5.3	1.5	1.5	1

根据电磁理论,为了实现从线极化到圆极化的极化变换,极化方向为 45° 的线极化入射波 $\bar{E}_I$ 可以分为两个相互正交的 LP 分量 $\bar{E}_{Ix} = \hat{x}E_{Ixm}e^{j\varphi_{Ix}}$ 和 $\bar{E}_{Iy} = \hat{y}E_{Iym}e^{j\varphi_{Iy}}$,且 $E_{Ixm} = E_{Iym}$, $\varphi_{Ix} = \varphi_{Iy}$,线极化入射波 $\bar{E}_I$ 的表达式则为:

$$\bar{E}_I = \bar{E}_{Ix} + \bar{E}_{Iy} = \hat{x}E_{Ixm}e^{j\varphi_{Ix}} + \hat{y}E_{Iym}e^{j\varphi_{Ix}} \qquad (2-28)$$

其中 $\hat{x}$ 为 x 方向的单位向量,$\hat{y}$ 为 y 方向的单位向量。同时,当入射波照射到多极化部分反射超表面时,产生的透射波可以表示为:

$$\bar{E}_T = \bar{E}_{Tx} + \bar{E}_{Ty} = \hat{x}E_{Txm}e^{j\varphi_{Tx}} + \hat{y}E_{Tym}e^{j\varphi_{Ty}} = \hat{x}T_{x,x}E_{Ixm}e^{j\varphi_{Ix}} + \hat{y}T_{y,y}E_{Iym}e^{j\varphi_{Iy}} \qquad (2-29)$$

因此,为了获得圆极化辐射,我们希望满足以下条件

$$|T_{x,x}| = |T_{y,y}| \text{ 和 } \arg(T_{x,x}) - \arg(T_{y,y}) = 90° \qquad (2-30)$$

基于该结果,将实现多极化谐振腔天线的左旋圆极化辐射。同时,当线极化入射波的极化方向为 −45° 时,多极化谐振腔天线也可以辐射右旋圆极化。此外,当线极化入射波的极化方向为 0° 时,也可以得到多极化谐振腔天线的线极化辐射。

下面首先对多极化部分反射超表面的反射性能进行分析，其结果如图 2.4.2 所示，图 2.4.1（b）给出了多极化部分反射超表面单元在全波仿真软件中的仿真设置。图 2.4.2 中可以看出，在 9.0~10.2 GHz 工作频段内，反射幅度 $|R_{x,x}|$ 和 $|R_{y,y}|$ 基本相等，反射相位 $\arg(R_{x,x})$ 和 $\arg(R_{y,y})$ 也基本保持相等，仅存在微小偏差，对腔体谐振基本没有影响，在 x 和 y 方向基本一致的反射幅度和反射相位能够保证多极化谐振腔天线具有良好的腔体谐振特性。

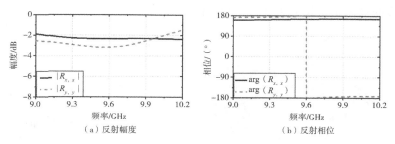

（a）反射幅度 （b）反射相位

图 2.4.2 多极化部分反射超表面的反射性能

图 2.4.3 为多极化部分反射超表面的传输特性。在 9.0~10.2 GHz 工作频段内，传输幅度 $|T_{x,x}|$ 和 $|T_{y,y}|$ 相差不大，符合实现圆极化所要求的传输幅度相等原则。与此同时，在同样的工作频段下，通过对传输相位 $\arg(T_{x,x})$ 和 $\arg(T_{y,y})$ 进行相减，可以发现二者之间的差值为 90°，符合实现圆极化所要求的相位相差 90° 原则。因此，多极化部分反射超表面的传输特性满足实现线极化到圆极化的极化转换条件。

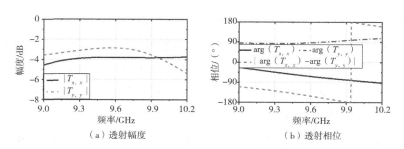

（a）透射幅度 （b）透射相位

图 2.4.3 多极化部分反射超表面的透射性能

2.4.2 多极化馈源天线

在上一节已经完成了多极化部分反射表面的设计，为了使多极化谐振腔天线实现多极化辐射，还需匹配相应的多极化馈源天线，以提供所要求的 0°、45°、

–45°线极化辐射波束。本节给出了多极化馈源天线的设计，其具体结构如图2.4.4 所示。该馈源天线同样以缝隙耦合天线为基础进行设计，其介质基板均采用相对介电常数为 2.2 且损耗角正切为 0.001 的介质基板，在馈源上刻蚀金属缝隙是为了减小端口之间的耦合。与此同时，边缘的两个方形辐射贴片通过一分二功分器馈电，用于实现极化方向为 0° 的线极化辐射波束；而中间的方形辐射贴片采用双端口馈电，以实现极化方向为 45° 和 –45° 的线极化辐射波束。该多极化馈源天线的具体结构尺寸如表 2.4.2 所示。

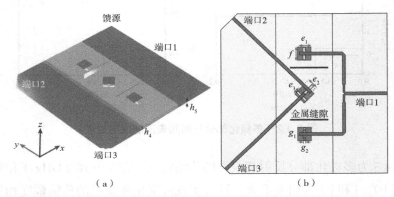

图 2.4.4　多极化馈源天线的结构示意图

表 2.4.2　多极化馈源天线的单元尺寸

单位：mm

e_1	e_2	e_3	f	g_1	g_2	h_4	h_5
6.65	5.65	3.65	7.2	6.9	1.3	3	0.5

图 2.4.5 展示了该多极化馈源天线的辐射性能，反射系数在 9.0~10.2 GHz 的端口基本保持在 –10 dB 以下，耦合系数在 9.0~10.2 GHz 的不同端口保持在 –24 dB 以下，这表明该天线具有良好的匹配和较低的端口耦合。与此同时，馈源在 9.6 GHz 处的辐射增益：端口 1 增益为 9.0 dBi，端口 2 增益为 8.4 dBi，端口 3 增益为 8.5 dBi。此外，所有端口的 –3 dB 增益带宽为 9.0~10.2 GHz。因此，基于所设计的多极化馈源，谐振腔天线将具备实现多极化辐射的能力。

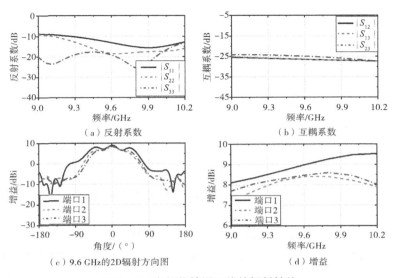

（a）反射系数　　　　　　　　　　　（b）互耦系数

（c）9.6 GHz的2D辐射方向图　　　　　　（d）增益

图 2.4.5　多极化馈源天线的辐射性能

2.4.3　多极化谐振腔天线

在本节中，将开始多极化谐振腔天线的设计，图 2.4.6 为多极化谐振腔天线的结构示意图。该结构由多极化部分反射超表面、多极化馈源天线和反射地板构成，产生多极化辐射。该谐振腔天线的口径面积为（88 × 88）mm²。当馈源提供 0°、45° 和 −45° 的线极化辐射波时，多极化部分反射超表面能够使谐振腔天线同时辐射线极化、左旋圆极化和右旋圆极化波束。因此，通过多极化馈源天线作为谐振腔天线的馈源，以提供不同极化方向的线极化波。这样，所设计的谐振腔天线就可以产生多极化的辐射波束。为了使多极化谐振腔天线获得高定向辐射，多极化谐振腔天线的腔高度 h 将由下式计算：

$$h = \frac{c}{4\pi f}(\varphi_1 + \varphi_2 - 2N\pi), N = 0, 1, 2, \cdots \tag{2-31}$$

其中 φ_1 和 φ_2 分别表示多极化部分反射表面和反射地面的反射相位。根据图 2.4.2（b）所示的反射相位，选取中心频率 $f = 9.6$ GHz 计算腔体高度 h，本设计预估腔体高度 h 为 15.4 mm。

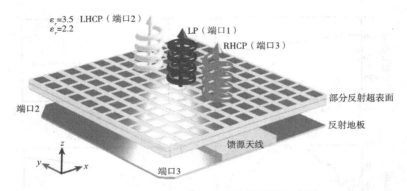

图 2.4.6　多极化谐振腔天线的结构示意图

　　接下来对所设计的多极化谐振腔天线进行仿真分析，图 2.4.7 展示了多极化谐振腔天线在中心频率为 9.6 GHz 时的 3D 辐射方向图，其中多极化谐振腔天线分别在激励端口 1、端口 2 和端口 3 时产生了线极化辐射波束、左旋圆极化辐射波束和右旋圆极化辐射波束。在端口 1 激励的情况下，多极化谐振腔天线实现了线极化辐射，其中主极化波束的辐射增益为 13.9 dBi，交叉极化辐射波束只有非常小的辐射能量。在端口 2 激励的情况下，多极化谐振腔天线实现了左旋圆极化辐射，其中左旋圆极化的辐射增益为 12.3 dBic，右旋圆极化辐射波束只有非常小的辐射能量。在端口 3 激励的情况下，多极化谐振腔天线实现了右旋圆极化辐射，其中右旋圆极化的辐射增益为 12.4 dBic，左旋圆极化辐射波束只有非常小的辐射能量。

　　图 2.4.8 展示了多极化谐振腔天线在中心频率为 9.6 GHz 时的 2D 辐射方向图和轴比。在端口 1 激励的情况下，主极化波束的辐射增益为 13.9 dBi，交叉极化波束的辐射增益为 –26.6 dBi。在端口 2 激励的情况下，左旋圆极化波束的辐射增益为 12.3 dBic，右旋圆极化波束的辐射增益为 –5.0 dBic。在端口 3 激励的情况下，左旋圆极化波束的辐射增益为 –5.9 dBic，右旋圆极化波束的辐射增益为 12.4 dBic。与此同时，我们还可以观察到，与多极化馈源天线的馈电相比，多极化谐振腔天线的辐射增益得到了显著的提高。此外，左旋圆极化波束在端口 2 的轴比为 2.4 dB，右旋圆极化波束在端口 3 的轴比为 2.1 dB。因此，多极化谐振腔天线在激励不同端口时最终实现了多极化辐射波束。

　　图 2.4.9 给出了多极化谐振腔天线的带宽性能。首先，对于反射系数，其可以保持在 –10 dB 以下的工作频段为：对于端口 1 激励，工作频段为 9.24~10.08 GHz；对于端口 2 激励，工作频段为 9.0~10.2 GHz；对于端口 3 激励，工作频段为 9.0~

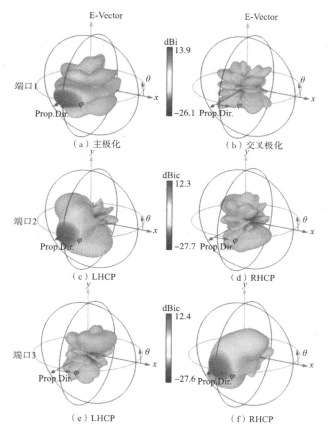

图 2.4.7　多极化谐振腔天线在 9.6 GHz 时的 3D 辐射方向图

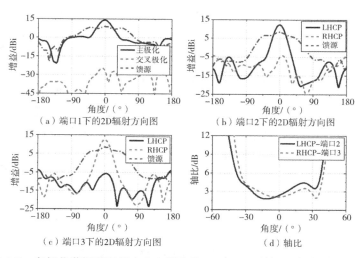

图 2.4.8　多极化谐振腔天线在中心频率为 9.6 GHz 时的 2D 辐射方向和轴比

10.2 GHz。其次，对于三个端口之间的耦合系数，在工作频段为 9.0~10.2 GHz 时低于 −14.3 dB。最后，给出了多极化谐振腔天线增益随频率的变化情况，与馈电增益相比，多极化谐振腔天线的辐射增益在端口 1 激励时最高提高了 4.9 dB，在端口 2 激励时最高提高了 6.1 dB，在端口 3 激励时最高提高了 5.7 dB；与此同时，端口 1 的 −3 dB 增益带宽为 9.0~10.2 GHz，端口 2 的 −3 dB 增益带宽为 9.0~9.9 GHz，端口 3 的 −3 dB 增益带宽为 9.0~9.9 GHz。还需注意的是，此时端口 1 的峰值增益在 9.8 GHz 处为 14.2 dBi，端口 2 的峰值增益在 9.1 GHz 处为 13.8 dBic，端口 3 的峰值增益在 9.1 GHz 处为 13.8 dBic，同时对应端口的口径效率分别为 26.5%、25.2%、25.2%。给出了端口 2 和端口 3 激励时圆极化的轴比情况，其中，在端口 2 激励的情况下，左旋圆极化波束的 3 dB 轴比带宽为 9.3~10.1 GHz，在端口 3 激励的情况下，右旋圆极化波束的 3 dB 轴比带宽为 9.3~10.1 GHz。因此，所有这些结果都表明了所提出的多极化谐振腔天线具有实现多极化辐射的能力。

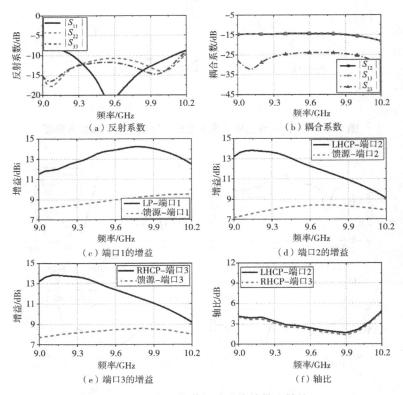

图 2.4.9　多极化谐振腔天线的带宽性能

2.4.4　实验验证

下面加工了这个谐振腔天线并在微波暗室中测试了它的辐射性能，图 2.4.10 是该谐振腔天线的测试场地和加工模型，通过对三个端口激励下谐振腔天线的辐射性能进行测试，分析该谐振腔天线实现多极化辐射的能量，与此同时，利用矢量网络分析仪对多个端口的反射系数和端口之间的耦合系数进行测试。

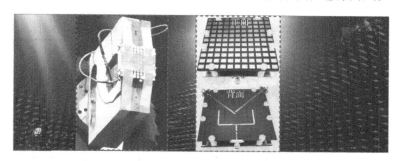

图 2.4.10　多极化谐振腔天线的测试场地和加工模型

图 2.4.11 展示了多极化谐振腔天线实测结果与仿真结果的对比。通过观察多极化谐振腔天线在 9.6 GHz 的 2D 辐射方向图，可以发现测试结果和仿真结果吻合。对于端口 1，多极化谐振腔天线产生线极化辐射，其中主极化波束的辐射增益为 13.4 dBi，交叉极化波束的辐射增益为 –23.4 dBi；对于端口 2，多极化谐振腔天线产生左旋圆极化辐射，其中左旋圆极化波束的辐射增益为 11.9 dBic，右旋圆极化波束的辐射增益为 –4.5 dBic；对于端口 3，多极化谐振腔天线产生右旋圆极化辐射，其中左旋圆极化波束的辐射增益为 –9.7 dBic，右旋圆极化波束的辐射增益为 12.3 dBic。对于反射系数，反射系数可以保持在 –10 dB 以下的工作频段为：对于端口 1 激励，工作频段为 9.0~10.2 GHz；对于端口 2 激励，工作频段为 9.0~10.2 GHz；对于端口 3 激励，工作频段为 9.06~10.16 GHz。对于三个端口之间的耦合系数，在工作频段为 9.0~10.2 GHz 时低于 –15 dB。接下来给出了多极化谐振腔天线增益随频率的变化情况，端口 1 的 –3 dB 增益带宽为 9.1~10.2 GHz，端口 2 的 –3 dB 增益带宽为 9.0~10.0 GHz，端口 3 的 –3 dB 增益带宽为 9.0~10.0 GHz。还需注意的是，此时，端口 1 的峰值增益为 14.1 dBi（9.8 GHz）、端口 2 的峰值增益为 13.5 dBic（9.2 GHz）、端口 3 的峰值增益为 13.4 dBic（9.3 GHz），同时对应端口的口径效率分别为 25.8%、22.5% 和 22.0%。此外，端口 2 处的左旋圆极化波束和端口 3 处的左旋圆极化波束的 3 dB 轴比带宽分别为

9.2~10.0 GHz 和 9.3~10.0 GHz。

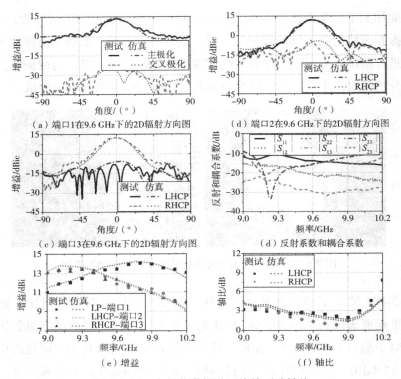

图 2.4.11　多极化谐振腔天线的测试性能

参考文献

[1] Ourir A, Lustrac A D, Lourtioz J M. All-metamaterial-based subwavelength cavities (λ/60) for ultrathin directive antennas[J]. Applied Physics Letters, 2006, 88(8):084103.

[2] Moustafa L, Jecko B. EBG structure with wide defect band for broadband cavity antenna applications[J]. IEEE Antennas and Wireless Propagation Letters, 2009, 7:693-696.

[3] Lee Y J, Yeo J, Mittra R, et al. Design of a high-directivity Electromagnetic Band Gap (EBG) resonator antenna using a frequency-selective surface (FSS) superstrate[J]. Microwave and Optical Technology Letters, 2004, 43(6):462-467.

[4] Ortiz J D, Baena J D, et al. Spatial angular filtering by FSSs made of chains of interconnected SRRs and CSRRs[J]. IEEE Microwave and Wireless Components Letters, 2013, 23(9):477-479.

[5] Ortiz J D, Risco J D, Baena J D, et al. Metasurfaces for angular filtering and beam

scanning[C]// 8th International Congress on Advanced Electromagnetic Materials in Microwaves and Optics–Metamaterials 2014, 2014, 34–36.

[6] Guo W, Wang G, Li T, et al. Ultra-thin anisotropic metasurface for polarized beam splitting and reflected beam steering applications[J]. Journal of Physics D Applied Physics, 2016, 49(42):425305.

[7] Jiang Y, Lin X, Low T, et al. Group-velocity-controlled and gate-tunable directional excitation of polaritons in graphene-boron nitride heterostructures[J]. Laser & Photonics Reviews, 2018, 12(5):1800049.

[8] Yang R, Li D, Gao D, et al. Negative reflecting meta-mirrors[J]. Scientific Reports, 2017, 7(1): 1–10.

[9] Zhu H L, Cheung S W, Yuk T I. Mechanically pattern reconfigurable antenna using metasurface[J]. Microwaves Antennas and Propagation Letter, 2015, 9(12):1331–1336.

[10] Liu Y, Jin X, Zhou X, et al. A phased array antenna with a broadly steerable beam based on a low-loss metasurface lens[J]. Journal of Physics D: Applied Physics, 2016, 49(40): 405304.

[11] Li R, Wang H, Zheng B, et al. Bistable scattering in graphene-coated dielectric nanowires[J]. Nanoscale, 2017, 9(24): 8449–8457.

[12] Qian C, Lin X, Yang Y, et al. Multifrequency superscattering from subwavelength hyperbolic structures[J]. ACS Photonics, 2018, 5(4): 1506–1511.

[13] Jain S K, Juričić V, Barkema G T. Structure of twisted and buckled bilayer graphene[J]. 2D Materials, 2016, 4(1): 015018.

[14] Lin X, Yang Y, Rivera N, et al. All-angle negative refraction of highly squeezed plasmon and phonon polaritons in graphene–boron nitride heterostructures[J]. Proceedings of the National Academy of Sciences, 2017, 114(26): 6717–6721.

[15] Yang R, Lei Z, Chen L, et al. Surface wave transformation lens antennas[J]. IEEE Transactions on Antennas and Propagation, 2014, 62(2):973–977.

[16] Ghasemi A, Burokur S N, Dhouibi A, et al. High beam steering in fabry–pérot leaky-wave antennas[J]. IEEE Antennas and Wireless Propagation Letters, 2013, 12(1):261–264.

[17] Nakano H, Mitsui S, Yamauchi J. Tilted-beam high gain antenna system composed of a patch antenna and periodically arrayed loops[J]. IEEE Transactions on Antennas and Propagation, 2014, 62(6):2917–2925.

[18] Burokur S N, Daniel J P, Ratajczak P, et al. Tunable bilayered metasurface for frequency reconfigurable directive emissions[J]. Applied Physics Letters, 2010, 97:

064101.

[19] Narbudowicz A, Bao X, Ammann M J. Dual circularly-polarized patch antenna using even and odd feed-line modes[J]. IEEE Transactions on Antennas and Propagation, 2013, 61(9): 4828–4831.

[20] Saini R K, Dwari S. A broadband dual circularly polarized square slot antenna[J]. IEEE Transactions on Antennas and Propagation, 2015, 64(1): 290–294.

[21] Khan M, Yang Z, Warnick K. Dual-circular-polarized high-efficiency antenna for Ku-band satellite communication[J]. IEEE Antennas and Wireless Propagation Letters, 2014, 13: 1624–1627.

[22] Ma X, Huang C, Pan W, et al. A dual circularly polarized horn antenna in Ku-band based on chiral metamaterial[J]. IEEE Transactions on Antennas and Propagation, 2014, 62(4): 2307–2311.

[23] Zeb B A, Nikolic N, Esselle K P. A high-gain dual-band EBG resonator antenna with circular polarization[J]. IEEE Antennas and Wireless Propagation Letters, 2014, 14: 108–111.

[24] Ju J, Kim D, Lee W, et al. Design method of a circularly-polarized antenna using Fabry-Perot cavity structure[J]. ETRI Journal, 2011, 33(2): 163–168.

[25] Azizi Y, Komjani N, Karimipour M, et al. Demonstration of a self-polarizing dual-band single-feed circularly polarized Fabry–Perot cavity antenna with a broadband axial ratio[J]. AEU-International Journal of Electronics and Communications, 2019, 111: 152909.

[26] Liu Z G, Cao Z X, Wu L N. Compact low-profile circularly polarized Fabry–Perot resonator antenna fed by linearly polarized microstrip patch[J]. IEEE Antennas and Wireless Propagation Letters, 2015, 15: 524–527.

[27] Muhammad S A, Sauleau R, Le Coq L, et al. Self-generation of circular polarization using compact Fabry–Perot cavity antennas[J]. IEEE Antennas and Wireless Propagation Letters, 2011, 10: 907–910.

[28] Arnaud E, Chantalat R, Monédière T, et al. Performance enhancement of self-polarizing metallic EBG antennas[J]. IEEE Antennas and Wireless Propagation Letters, 2010, 9: 538–541.

[29] Qin F, Gao S, Wei G, et al. Wideband circularly polarized Fabry-Perot antenna [antenna applications corner][J]. IEEE Antennas and Propagation Magazine, 2015, 57(5): 127–135.

[30] Weily A R, Esselle K P, Bird T S, et al. High gain circularly polarised 1-D EBG resonator antenna[J]. Electronics Letters, 2006, 42(18): 1012–1014.

[31] Karimipour M, Komjani N, Aryanian I. Holographic-inspired multiple circularly polarized vortex-beam generation with flexible topological charges and beam directions[J]. Physical Review Applied, 2019, 11(5): 054027.

[32] Tymchenko M, Gomez-Diaz J S, Lee J, et al. Gradient nonlinear pancharatnam-berry metasurfaces[J]. Physical Review Letters, 2015, 115(20): 207403.

[33] Liu C, Bai Y, Zhao Q, et al. Fully controllable Pancharatnam-Berry metasurface array with high conversion efficiency and broad bandwidth[J]. Scientific Reports, 2016, 6(1): 34819.

[34] Luo W, Xiao S, He Q, et al. Photonic spin Hall effect with nearly 100% efficiency[J]. Advanced Optical Materials, 2015, 3(8): 1102–1108.

[35] Wu P C, Tsai W Y, Chen W T, et al. Versatile polarization generation with an aluminum plasmonic metasurface[J]. Nano Letters, 2017, 17(1): 445–452.

[36] Zhang L, Liu S, Li L, et al. Spin-controlled multiple pencil beams and vortex beams with different polarizations generated by Pancharatnam-Berry coding metasurfaces[J]. ACS Applied Materials & Interfaces, 2017, 9(41): 36447–36455.

[37] Yang P, Yang R. Two-dimensional frequency scanning from a metasurface-based Fabry–Pérot resonant cavity[J]. Journal of Physics D: Applied Physics, 2018, 51(22): 225305.

[38] Ratni B, Merzouk W A, Lustrac A D, et al. Design of phase-modulated metasurfaces for beam steering in fabry–perot cavity antennas[J]. IEEE Antennas and Wireless Propagation Letters, 2017, 16(1):1401–1404.

[39] Wang Q, Mu Y, Qi J. A novel reflection-mode fabry–perot cavity antenna with broadband high gain and large beam scanning angle by janus partially reflective surface[J]. IEEE Transactions on Antennas and Propagation, 2022.

[40] Xie P, Wang G, Li H, et al. Circularly polarized Fabry–Perot antenna employing a receiver–transmitter polarization conversion metasurface[J]. IEEE Transactions on Antennas and Propagation, 2019, 68(4): 3213–3218.

[41] Xie P, Wang G, Zou X, et al. Circularly polarized FP resonator antenna with 360° beam-steering[J]. IEEE Transactions on Antennas and Propagation, 2021, 69(12): 8854–8859.

[42] Xie P, Wang G, Zong B, et al. A novel receiver-transmitter metasurface for a high-aperture-efficiency Fabry–Perot resonator antenna[J]. Chinese Physics B, 2021, 30(8): 084103.

[43] Ju J, Kim D, Lee W, et al. Design method of a circularly-polarized antenna using Fabry–Pérot cavity structure[J]. ETRI Journal, 2011, 33(2): 163–168.

[44] Li Y L, Luk K M. Dual circular polarizations generated by self-polarizing Fabry–Pérot cavity antenna with loaded polarizer[J]. IEEE Transactions on Antennas and Propagation, 2021, 69(12): 8890–8895.

[45] Yang P, Yang R, Li Y. Dual circularly polarized split beam generation by a metasurface sandwich-based Fabry–Pérot resonator antenna in Ku-band[J]. IEEE Antennas and Wireless Propagation Letters, 2021, 20(6): 933–937.

[46] Chen C, Liu Z G, Wang H, et al. Metamaterial-inspired self-polarizing dual-band dual-orthogonal circularly polarized Fabry–Pérot resonator antennas[J]. IEEE Transactions on Antennas and Propagation, 2018, 67(2): 1329–1334.

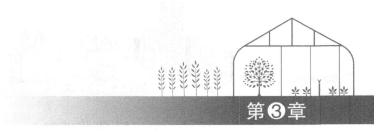

新型超表面反射阵天线

本章将从理论分析、结构设计、仿真分析和实验验证四方面入手，分析三种新型超表面反射阵天线的设计。首先，提出了一种新型低剖面极化扭转的卡塞格伦反射阵天线，设计了一种极化选择超表面和一种极化转换超表面分别作为副面、主面，完美地解决了来自副面的遮挡问题，并降低了天线的剖面高度。其次，提出了一种新型双频双圆极化折叠反射阵天线，设计了一种双频线圆极化转换超表面和一种线极化转换超表面分别作为副面、主面，实现了双频双圆极化辐射。最后，提出了一种新型低剖面双圆极化多波束折叠反射阵天线，设计了一种多功能超表面作为副面、一种线极化转换超表面作为主面和多个宽带微带高增益天线作为馈源，实现了双圆极化多波束辐射，并降低了天线的剖面高度。

3.1 反射阵天线的工作机理

反射阵天线是一种由馈源和平面阵组成的天线，通过调节反射面上每个单元的反射相位，使馈源发出的电磁波经过平面阵反射后形成高增益波束。与抛物面天线不同，反射阵天线为平面结构，因此馈源到不同单元的空间距离是不同的，需要对每个单元进行相位补偿，使馈源照射至平面阵后反射的电磁波是等相位面的，这样平面反射阵天线才能实现高增益辐射。

3.1.1 阵列天线理论

首先，设一个 $M \times N$ 的 2D 平面阵列天线，沿 x 轴方向的 M 个天线元的排列间距为 d_x，激励电流的幅度为 A_m，相邻天线元之间的相差为 α_x，沿 y 轴方向的 N 个天线元的排列间距为 d_y，激励电流的幅度为 A_n，相邻天线元之间的相差为 α_y，根据方向图乘积定理，可得该平面阵列天线的阵因子为

$$f_a(\theta,\varphi) = f_{a_x}(\theta,\varphi) f_{a_y}(\theta,\varphi)$$

（3-1）

$$f_{a_x}(\theta,\varphi) = \sum_{m=0}^{M-1} A_m e^{jm(kd_x \sin\theta\cos\varphi + \alpha_x)} \qquad (3-2)$$

$$f_{a_y}(\theta,\varphi) = \sum_{n=0}^{N-1} A_n e^{jn(kd_y \sin\theta\cos\varphi + \alpha_y)} \qquad (3-3)$$

$$\psi_x = kd_x \sin\theta\cos\varphi + \alpha_x \qquad (3-4)$$

$$\psi_y = kd_y \sin\theta\cos\varphi + \alpha_y \qquad (3-5)$$

其中，α_x 和 α_y 彼此不相关，在实际应用中要求 $f_{a_x}(\theta,\varphi)$ 和 $f_{a_y}(\theta,\varphi)$ 的主瓣相交，最大方向指向同一方向。因此如果希望主瓣指向为 (θ_0,φ_0)，则单元相差 α_x 和 α_y 应满足

$$\alpha_x = -kd_x \sin\theta\cos\varphi \qquad (3-6)$$

$$\alpha_y = -kd_y \sin\theta\cos\varphi \qquad (3-7)$$

我们在 Matlab 中绘制了一个 30×30 的等幅激励的平面阵列天线，阵元间距为 $d_x = d_y = 6\,\text{mm}$，其结果如图 3.1.1 所示，给出了主瓣方向 $(\theta_0,\varphi_0) = (0°,0°)$ 和 $(30°,45°)$ 的 3D 方向图。说明天线的主瓣方向由 (θ_0,φ_0) 确定，换句话说也就是由单元相差 α_x 和 α_y 确定。

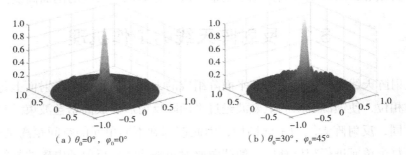

（a）$\theta_0=0°$，$\varphi_0=0°$ （b）$\theta_0=30°$，$\varphi_0=45°$

图 3.1.1　平面阵列天线的 3D 方向图

可以将反射阵天线看作一种平面阵列天线，因此单元相差 α_x 和 α_y 同样可以用于确定反射阵天线的辐射指向，我们可以利用阵列天线理论对反射阵天线进行分析。

3.1.2　反射阵天线的相位补偿方法

反射阵天线的工作原理如图 3.1.2 所示，设馈源相位中心距离平面阵的焦距为 f，且路径不同，则其所产生的路径差为 Δf，根据广义斯涅耳定律，可以得到所产生的相移为：

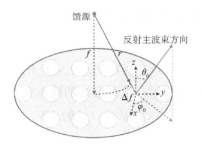

馈源

反射主波束方向

图 3.1.2　反射阵天线的工作原理图

$$\Delta\phi = k\Delta f \qquad (3-8)$$

$$\Delta f = f - r = f - \sqrt{x^2 + y^2 + f^2} \qquad (3-9)$$

其中，k 代表自由空间的波数，(x,y) 代表每个平面阵单元的坐标，式（3-9）中的 f 是一个常数，一般可以省略。

根据前文所述的阵列天线理论，可以得到当辐射方向为（θ_0, φ_0）时，平面阵上每个单元的相位补偿为：

$$\psi(x,y) = -kx\sin\theta_0\cos\varphi_0 - ky\sin\theta_0\cos\varphi_0 \qquad (3-10)$$

因此，反射阵天线上各个单元所需的相位补偿为：

$$\Phi(x,y) = k(\sqrt{x^2 + y^2 + f^2} + x\sin\theta_0\cos\varphi_0 + ky\sin\theta_0\cos\varphi_0) + \Phi_0 \qquad (3-11)$$

其中，Φ_0 代表任意的相位常数，同时 f 可省略。

根据式（3-11）可以计算出反射阵天线所需要的相位分布，下面给出了（θ_0, φ_0）=（0°，0°）和（30°，45°）时的相位分布图（图 3.1.3）。通过图 3.1.3 可以看出，当（θ_0, φ_0）=（0°，0°）时，相位方向图为一系列同心圆且中心对称；而当（θ_0, φ_0）=（30°，45°）时，相位方向图的中心位置产生了偏移。

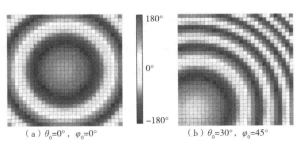

（a）θ_0=0°，φ_0=0° 　　　（b）θ_0=30°，φ_0=45°

图 3.1.3　平面阵天线的相位分布图

3.1.3 两种产生多波束的设计方法

1. 几何分区法

几何分区法是将平面阵的辐射口径分为 N 个子阵，分别在每个子阵中产生一个辐射波束，实现多波束辐射。这种方式的缺点在于：每个子阵只能从馈源接收到 $1/N$ 的能量并且口径面积仅为原有口径的 $1/N$，造成了极大的能量浪费，导致辐射效率较低。

下面利用阵列天线理论模拟了平面阵中多波束的产生。对于双波束辐射，辐射指向为 $\theta_{1,2}=30°$，$\varphi_{1,2}=[0°,180°]$。对于四波束辐射，辐射指向为 $\theta_{1,2,3,4}=30°$，$\varphi_{1,2,3,4}=[45°,135°,225°,315°]$。根据几何分区法，我们得到的多波束的辐射方向如图 3.1.4 所示。从中可以看出，该平面阵在指定角度产生了多波束辐射，但是受几何分区的影响，辐射性能较差，且波束宽度变宽，副瓣电平上升，尤其对四波束来说变化更为明显。

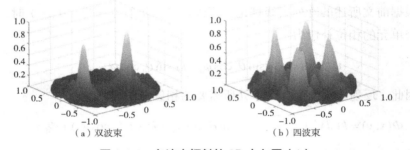

（a）双波束　　　　　　　　　　　　　（b）四波束

图 3.1.4　多波束辐射的 3D 方向图（1）

2. 口径场叠加法

口径场叠加法是将平面阵的辐射口径进行场叠加来产生多波束，其中实现 N 波束辐射时平面阵的口径场可以表示为

$$f_a(x,y) = \sum_{i=0}^{N} A_i(x,y) e^{j\psi_i(x,y)} \tag{3-12}$$

其中，$A_i(x,y)$ 和 $\psi_i(x,y)$ 分别代表平面阵每个单元的激励幅度和相位。根据阵列天线理论，可以换算得到口径场的具体表达式为

$$f_a(\theta,\varphi,x,y) = \sum_{i=0}^{N} A_i(x,y) e^{jk(x\sin\theta_i\cos\varphi_i + y\sin\theta_i\cos\varphi_i)} \tag{3-13}$$

下面给出了口径场叠加法下多波束的产生，其中双波束和四波束辐射时的波

束指向与几何分区法所给出的一致。根据口径场叠加法，我们得到的多波束辐射的 3D 方向图如图 3.1.5 所示。从中可以看出，对比几何分区法，口径场叠加法所产生的辐射方向图辐射性能较好，波束宽度变窄，副瓣电平较低。

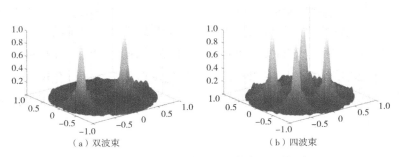

（a）双波束　　　　　　　　　　　（b）四波束

图 3.1.5　多波束辐射的 3D 方向图（2）

3.2　新型低剖面极化扭转的卡塞格伦反射阵天线

高增益反射阵天线已被广泛应用于卫星系统和雷达系统中，然而由于馈源会遮挡反射阵的辐射口径，从而导致辐射性能的下降和副瓣电平的上升。后馈式的卡塞格伦反射阵天线虽然可以避免上述遮挡，但又不可避免地带来了副面的遮挡。此时，一种侧馈式的卡塞格伦反射阵天线被提出，通过使辐射口径偏离副面的方式，避免副面的遮挡问题。与此同时，一种折叠反射阵天线也被提出，将极化转换器作为主面而极化栅作为副面，通过极化扭转的方式解决了副面的遮挡问题，然而由于在极化栅施加恒定的相位，此类设计的总高度通常固定为主面焦距的一半。目前，超表面也已被应用于解决副面的遮挡问题，当将超表面透镜作为主面与副面组合集成到卡塞格伦系统的设计中时，也可以消除来自副面的遮挡效应。

超表面也已被证明能够同时调控电磁波的极化状态和传播方向，这些研究并不仅仅是调控电磁波相位信息，而是通过同时控制电磁波的相位和振幅，实现了对电磁波极化和传播方向的完全操控。因此，如果卡塞格伦反射阵天线能够充分利用这种双功能超表面的同时操控电磁波的波前和极化，就将有机会像折叠反射阵天线一样消除副面遮挡效应。具体来说，假设馈源辐射的电磁波为 y 极化波，其照射至副面后会发生全反射，同时通过调节副面上超表面单元的相位补偿实现波束发散使电磁波均匀地照射至主面，经过主面能将 y 极化波转换为 x 极化波，同时通过调节主面上超表面单元的相位补偿实现高定向性辐射，使 x 极化波能够从副面透射出去，从而消除副面的遮挡效应。

基于上述考虑，本节提出了一种新型低剖面极化扭转的卡塞格伦反射阵天线，用于解决副面的遮挡效应并降低天线的剖面结构。通过在副面施加合适的相位分布，而不是像传统的折叠反射阵在副面上只施加一个恒定的相位，则可以通过自由调整副面的相位分布实现更加紧凑的剖面结构。同时，如果进一步拓展副面形成一个天线罩结构，还可以提供卡塞格伦反射阵天线的极化纯度。本节将提出两种能够控制电磁波极化状态和波前的极化调控超表面，并用于设计新型低剖面极化扭转的卡塞格伦反射阵天线。

3.2.1　卡塞格伦反射阵天线的射线追迹原理

根据新型低剖面极化扭转的卡塞格伦反射阵天线的设计需求，提出了一种以线极化超表面为副面，能够反射 y 极化波同时实现波前发散，并透射 x 极化波的方法；还提出了一种以线极化转换超表面为主面，能够转换 y 极化波进入 x 极化波并实现波前调控的方法。使用上述两种以极化调控超表面为主面和副面的方法，能够实现高定向性辐射。由于副面的遮挡问题被解决，因此可以在副面施加合适的相位分布来降低天线的剖面高度。同时，扩展副面形成一个天线罩结构，可以获得高极化纯度的辐射波束。

下面建立极化扭转的卡塞格伦反射阵天线的具体模型，图 3.2.1 和图 3.2.2 展示了这个极化扭转的卡塞格伦反射阵天线实现多波束辐射的整体结构图以及射线追迹原理图，其中这个副面采用线极化选择超表面，由金属条极化栅格、介质基板以及用于提供相位补偿的 C 形谐振环组成。这个结构可以反射 y 极化波并通过构建相位补偿模拟传统的双曲面反射器产生波前发散，使电磁波均匀照射至采用线极化转换超表面形成的主面。而且，这个线极化选择超表面形成的副面允许通过主面转换后的 x 极化电磁波完全透射并且没有任何辐射性能的减弱。此外，这个由双箭头谐振环组成的线极化转换超表面被考虑作为主面，为提供合适的相位补偿实现多波束辐射，同时转换 y 极化电磁波进入 x 极化波并反射至副面的方向。在这个设计中，这个双箭头谐振环的旋转角度为 45° 和 −45°，为用于波前校准提供足够的相位变化。我们以主面的中心为坐标原点建立直角坐标系，副面 Φ_{SM} 和主面 Φ_{PM} 所需的相位补偿分别为：

$$\Phi_{SM} = k\Delta l + \Phi_0 \tag{3-14}$$

$$\Phi_{PM} = \Phi_{p1} + \Phi_{p2} + \Phi_0 \tag{3-15}$$

其中，k 代表自由空间的波数，Δl 代表副面需要进行相位补偿的路径差，Φ_{p1} 代表实现平面波辐射所需要的相位补偿，Φ_{p2} 代表实现多波束辐射所需要的额外相位，Φ_0 代表任意的相位常数。当代入副面和主面的位置坐标时，它们的相位补偿可进一步表示为：

$$\Phi_{SM}(x, y) = k(\sqrt{x^2 + y^2 + f_{SM}^2} - \sqrt{x^2 + y^2 + (f_{PM} - l)^2}) + \Phi_0 \tag{3-16}$$

$$\Phi_{PM}(x, y) = k\sqrt{x^2 + y^2 + f_{PM}^2} + \arg\left[\sum_i e^{jk(x\sin\theta_i\cos\varphi_i + y\sin\theta_i\cos\varphi_i)}\right] + \Phi_0 \tag{3-17}$$

其中，l 代表副面和主面之间的距离，f_{SM} 代表焦点 F_1 和副面之间的距离，f_{PM} 代表焦点 F_2 和主面之间的距离，θ_i 和 φ_i 代表每个波束的辐射指向。当选择一个更小的 l 并且对副面的相位补偿进行合适的设计时，这种超表面极化扭转的卡塞格伦反射阵天线将获得一个更低的剖面结构。此外，还可以通过扩大副面的总体口径形成一个天线罩结构来提高辐射波束的极化纯度，而来自主面转换后的极化电磁场将不再遭受副面的遮挡。在本节中，选择口径面积为（120×120）mm² 和（180×180）mm² 的副面和主面，主面和副面之间的距离 l 为焦距 $f_{PM} = 162$ mm 的三分之一。因此，最终可以计算出副面和主面的最大入射角度分别为 56° 和 40°。

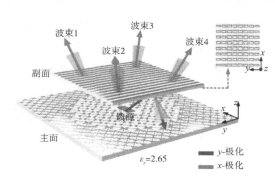

图 3.2.1 低剖面极化扭转的卡塞格伦
反射阵天线的结构示意图

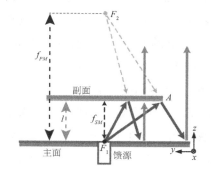

图 3.2.2 低剖面极化扭转的
卡塞格伦反射阵天线的射线追迹原理图

3.2.2 线极化选择超表面

在本节中，根据前文所述的设计需求对线极化选择超表面进行设计，现构建如图 3.2.3 所示的超表面，其单元结构包括一个上层实现相位调控的 C 形环、中

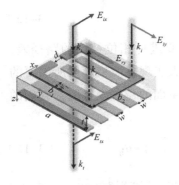

图 3.2.3　线极化选择超表面

间的介质层以及下层用于实现极化选择的金属栅格。这个线极化选择超表面被加工在相对介电常数为 2.65 且损耗角正切为 0.001 的介质基板上。当 y 极化电磁波 E_{iy} 入射至超表面单元时，会发生全反射，产生反射场 E_{ry}；而当 x 极化电磁波 E_{ix} 入射至超表面单元时，会发生全透射，产生透射场 E_{tx}。利用全波仿真软件结合周期型边界对线极化选择超表面单元进行仿真，计算 y 极化电磁波 E_{iy} 入射时单元的反射幅度和反射相位，x 极化电磁波 E_{ix} 入射时单元的透射幅度和透射相位。通过对线极化选择超表面单元的所有参数进行扫描分析，表 3.2.1 展示了该超表面单元的最优尺寸。

表 3.2.1　线极化选择超表面的单元尺寸

单位：mm

a	b_1	t_1	w	w_1	d
4	3.5	1	0.4	0.2	0.2

下面开始分析该超表面单元的反射和透射特性，如图 3.2.4 所示，图中展示了 b_2= 2.5 mm 时线极化选择超表面单元的反射幅度、反射相位、透射幅度和透射相位。可以看出，当 y 极化电磁波 E_{iy} 入射至线极化选择超表面单元时，在 10~20 GHz 的频率范围内，y 极化电磁波几乎被全反射并形成反射场 E_{ry}，同时随着频率的变化反射相位出现了 360° 的相位变化；而且随着入射角度从 0° 变化至 60°，反射幅度有微小的下降且反射相位发生了一些偏移；另外，当 x 极化电磁波 E_{ix} 入射至线极化选择超表面单元时，在 10~20 GHz 的频率范围内，x 极化电磁波几乎实现了全透射并形成透射场 E_{tx}，同时透射相位基本保持稳定。通过上述分析可以发现，该超表面单元能够完全反射 y 极化电磁波，并且具有较为敏感的相位响应，可用于实现副面所需的相位补偿，而对 x 极化电磁波则呈现完全透明的状态，且保证一个稳定的相位变化，当通过主面转换并校准后的电磁波通过该超表面时不会对辐射波束产生不好的影响。

图 3.2.5 展示了 15 GHz 工作频率下单元的幅度和相位变化。对于 y 极化电磁波 E_{iy} 入射的情况，当单元边长 b_2 从 1 mm 变化至 3.9 mm 且入射角度从 0° 变化至 56° 时，该超表面单元的反射幅度基本趋于 1，维持全反射状态。与此同时，反射相位产生了 330° 左右的相位变化，这个相位变化足够我们实现天线副面的

相位补偿。而且也可以看出当入射角度发生变化时这个反射相位产生了一些偏移。此外，对于 x 极化电磁波 E_{ix} 入射的情况，可以看出当单元边长 b_2 从 1 mm 变化至 3.9 mm 且入射角度从 0° 变化至 56° 时，该超表面单元的透射幅度也基本趋于 1，这表明该线极化选择超表面单元能使 x 极化电磁波实现完美的透波特性。同时随着单元尺寸和入射角度的变化，这个透射相位也基本趋于稳定，仅存有微小的相位差值。

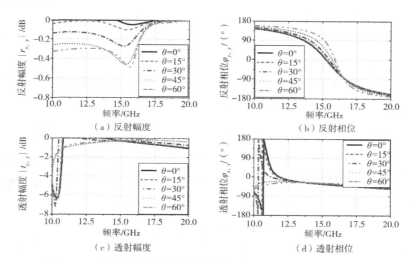

图 3.2.4　线极化选择超表面的幅度和相位随频率的变化曲线图

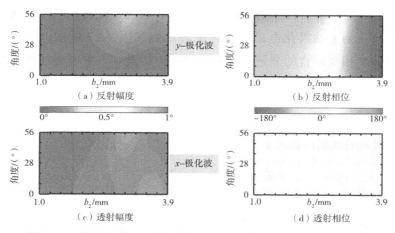

图 3.2.5　线极化选择超表面的幅度和相位随单元尺寸的变化关系

从上述仿真结果可以看出，这种线极化选择超表面可以用于设计极化扭转的卡塞格伦反射阵天线的副面，能够反射 y 极化电磁波并提供实现波前发散所需要的相位响应，完美地透射 x 极化电磁波。

3.2.3 线极化转换超表面

根据极化扭转的卡塞格伦反射阵的设计需求，下面开始进行线极化转换超表面的设计，其结构如图 3.2.6 所示。该线极化选择超表面由上层的双箭头形谐振环、中间层的介质基板和下层的金属地板贴片组成，选择采用介电常数为 2.65 且损耗角正切为 0.001 的介质基板。当一束 y 极化电磁波 E_{iy} 入射至该线极化转换超表面单元时，会发生全反射和极化转换，并产生反射场 E_{rx}。下面通过全波仿真软件对线极化转换超表面单元的反射幅度和反射相位进行仿真分析，并计算出相应的极化转换效率。表 3.2.2 展示了线极化转换超表面单元优化后的尺寸。

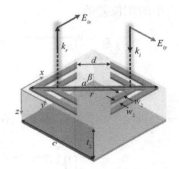

图 3.2.6　线极化转换超表面的单元结构

表 3.2.2　线极化选择超表面的单元尺寸

c/mm	r/mm	t_2/mm	w_2/mm	β/(°)	α/(°)
6	$5.5\sqrt{2}$	3	0.3	+45	−45

为了更好地理解所提出的线极化转换超表面的极化转换响应，我们考虑一束沿 y 方向入射 y 轴极化电磁波，其原理示意如图 3.2.7 所示。因此，电场可以分解为两个相互垂直的分量（方向 u 和 v）。因此，入射电磁波的电场可以表示为：

$$\vec{E}_i = \hat{u}E_{iu}e^{j\varphi} + \hat{v}E_{iv}e^{j\varphi} \tag{3-18}$$

而反射波的电场可以表示为：

$$\vec{E}_r = r_{u,u}\hat{u}E_{iu}e^{j\varphi} + r_{v,v}\hat{v}E_{iv}e^{j\varphi} \tag{3-19}$$

其中 $r_{u,u}$ 和 $r_{v,v}$ 分别为沿 u 极化方向和 v 极化方向的反射系数。由于超表面的各向异性与特性，$r_{u,u}$ 和 $r_{v,v}$ 可以产生不同的相位差值 $\Delta\varphi = \arg(r_{v,v}) - \arg(r_{u,u})$。因此，当 $\Delta\varphi = 180°$ 且 u 轴方向和 v 轴方向的模值 $|r_{u,u}|$ 和 $|r_{v,v}|$ 相等时，E_{ru} 和 E_{rv} 所形成的合成场的极化方向将变为 x 方向，实现从 y 极化到 x 极化的转换。

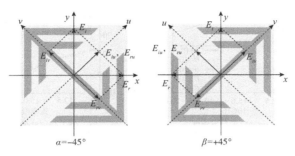

图 3.2.7 y 极化转换为 x 极化的原理示意图

图 3.2.8 展示了 u 极化和 v 极化入射波照射下的反射幅度和反射相位。该反射幅度 $|r_{u,u}|$ 和 $|r_{v,v}|$ 完全相等，实现了全反射。与此同时，反射相位的差值 $\Delta\varphi = \arg(r_{v,v}) - \arg(r_{u,u})$ 在 15 GHz 左右时基本保持在 180°。该结果表明，所设计的线极化转换超表面可以实现线极化转换的功能，其结果与前文的理论分析一致。

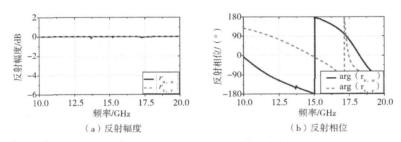

（a）反射幅度　　　　　　　（b）反射相位

图 3.2.8 u 极化和 v 极化入射波照射下的反射幅度和反射相位

通过对线极化转换超表面的反射性能进行仿真分析，其变化曲线如图 3.2.9 所示。给出了当 d = 4.0 mm 时，线极化选择超表面单元在选择角度 α=-45° 和 β=+45° 时的反射幅度 $|r_{x,y}|$ 和反射相位 $\varphi_{x,y}$。可以看出，当入射角度从 0° 变化至 40° 时，对于在选择角度 α=-45° 和 β=+45° 的线极化选择超表面，反射幅度 $|r_{x,y}|$ 在工作频率为 12~17.5 GHz 的频段范围内高于 -2 dB，极化转换性能良好，尤其是在中心频率 15 GHz 处，反射幅度基本趋于 0 dB。与此同时，当入射角度从 0° 变化至 40° 时，选择角度 α=-45° 和 β=+45° 的两种线极化选择超表面均实现了 180° 的相位变化，而且二者之间存在 180° 的相差，因此两种不同选择角度的线极化选择超表面的组合可以实现 360° 的相位变化。

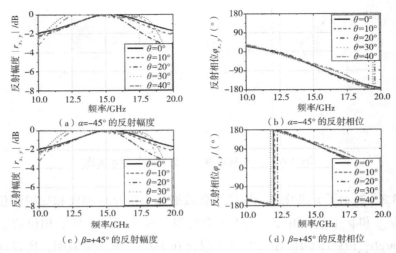

（a）α=−45°的反射幅度　　　　　　　（b）α=−45°的反射相位

（c）β=+45°的反射幅度　　　　　　　（d）β=+45°的反射相位

图3.2.9　线极化转换超表面的幅度和相位随频率的变化曲线图

为了进一步衡量所设计的线极化转换超表面的极化转换性能，研究学者还定义了极化转换效率，其表达式如下：

$$\eta_{\text{LP}} = \frac{|r_{x,y}|^2}{|r_{x,y}|^2 + |r_{y,y}|^2} \tag{3-20}$$

根据式（3-20）可以看出，当$\eta_{\text{LP}} = 1$时，则说明线极化转换超表面完全将y极化波转换为x极化波。图3.2.10展示了所设计的线极化转换超表面的极化转换

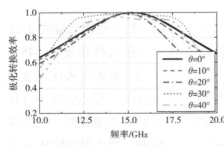

图3.2.10　线极化转换超表面的
极化转换效率变化曲线

效率变化曲线，可以看出，当入射角度从0°变化至40°时，在12.5~17.5 GHz频段范围内的极化转换效率高于80%，同时在15 GHz中心频率左右的极化转换效率接近100%。以上结果表明所设计的线极化转换超表面在15 GHz左右时，极化转换性能最好，符合低剖面极化扭转的卡塞格伦反射阵天线的设计需求。

以下分析了在15 GHz频率下线极化转换超表面单元尺寸参数d的变化对极化转换效率和反射相位的影响，其结果如图3.2.11所示。可以看出，当线极化转换超表面的单元边长d从1 mm变化至4.8 mm且入射角度从0°变化至40°时，选择角度α=−45°和β=+45°的线极化选择

超表面的极化转换效率基本维持在 90% 以上，极化转换性能良好。与此同时，随着单元尺寸和入射角度的变化，选择角度 $\alpha=-45°$ 和 $\beta=+45°$ 的线极化选择超表面的组合实现了 360° 的相位变化，这个相位变化将有能力满足卡塞格伦天线主面的相位补偿。

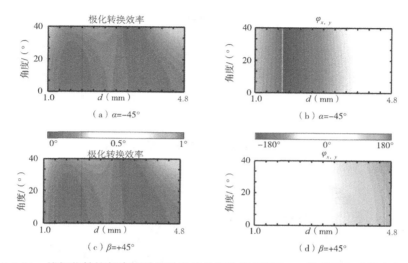

图 3.2.11　线极化转换超表面的极化转换效率和反射相位 $\varphi_{x,y}$ 随单元尺寸的变化关系

从上述仿真结果可以看出，选择角度 $\alpha=-45°$ 和 $\beta=+45°$ 线极化转换超表面的组合，有能力提供实现主面相位补偿所需要的相位响应，同时还能将 y 极化电磁波扭转为 x 极化电磁波，符合卡塞格伦天线主面的整体设计需求。

3.2.4　低剖面极化扭转的卡塞格伦反射阵天线

本节将开始对低剖面极化扭转的卡塞格伦反射阵天线进行设计，根据图 3.2.1 所展示的天线结构以及不同的设计需求，分别计算主面和副面上每个单元所需的相位补偿，并对应前面两节所取得的线极化选择超表面和线极化转换超表面的相位变化和单元尺寸之间的变化关系，完成主面和副面的实际设计。与此同时，选择 WR62 标准波导进行馈电，分析卡塞格伦天线反射阵的辐射性能。

1. 单波束辐射分析

选择卡塞格伦反射阵天线的辐射波束指向为 $(\theta,\varphi)=(0°,0°)$ 的主波束辐射方向，通过式（3-16）和式（3-17）可以计算出主面和副面所需的相位补偿，其结果如图 3.2.12（a）和图 3.2.13（a）所示。在此基础上，根据图 3.2.5（b）和图

3.2.11（b）、图 3.2.11（d）中单元尺寸和相位之间的对应关系，可以得到主面和副面的实际结构，其结果如图 3.2.12（b）和图 3.2.13（b）所示，基于此，可以在全波仿真软件中完成主面和副面的建立，并将 WR62 标准波导作为馈源，分析卡塞格伦反射阵天线单波束辐射的性能。

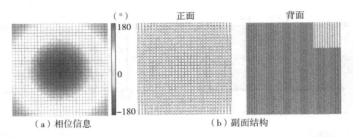

图 3.2.12　副面的相位信息和结构示意图

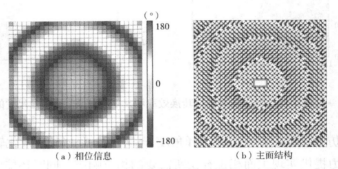

图 3.2.13　主面的相位信息和结构示意图

通过仿真分析，下面给出了该卡塞格伦反射阵天线的单波束辐射结果。图 3.2.14 为单波束辐射时的反射系数变化，可以看出，低于 –10 dB 的工作频段为 14.8 ~15.7 GHz，这表明卡塞格伦反射阵天线在该工作频段内实现了较好的匹配。图 3.2.15 为单波束辐射在 15 GHz 处的辐射特性，通过 3D 辐射方向图可以清楚地看出，在交叉极化波束产生了辐射主波束，在主极化处的辐射能量反而很小，这说明卡塞格伦反射阵天线经历了极化转换，并通过合适的相位补偿，最终将馈源辐射的主极化电磁波转换为交叉极化高增益波

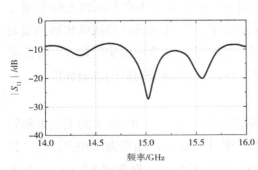

图 3.2.14　单波束辐射的反射系数变化曲线图

束。同时，天线的交叉极化辐射增益为 25.3 dBi，主极化辐射增益为 6.42 dBi；通过 2D 辐射方向图可以清楚地看出，天线的 E 面和 H 面辐射方向图均具有较低的副瓣电平，其中 E 面的副瓣电平为 –15.2 dB，H 面的副瓣电平为 –16.4 dB，因此可以看出天线的辐射性能良好。接下来分析天线的增益带宽性能和口径效率随频率的变化情况，其结果如图 3.2.16 所示，从中可以看出该天线在反射系数低于 –10 dB 带宽范围内的增益具有较小的波动，波动范围小于 –1 dB，通过计算可得该天线的反射系数和增益共同的相对工作带宽为 6%，同时天线的峰值增益在 15.3 GHz 且增益值为 26.5 dBi。天线的口径效率可以通过公式 $\eta = G\lambda^2/4\pi A^2$ 进行计算，其中 G 为天线的辐射增益，A 为天线的辐射口径面积，λ 为天线在自由空间中的工作波长，通过计算可得天线的最大口径效率为 43.5%。

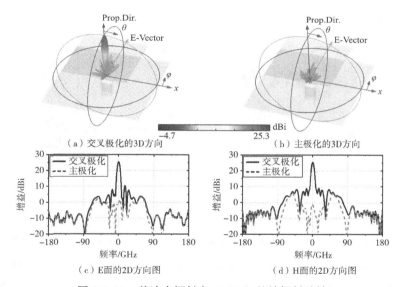

图 3.2.15　单波束辐射在 15 GHz 处的辐射特性

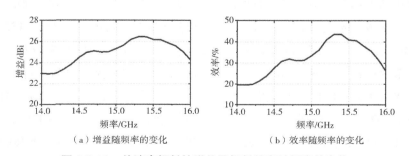

图 3.2.16　单波束辐射的增益及辐射效率随频率的变化

基于以上结果，通过计算可得，卡塞格伦反射阵天线单波束辐射的峰值增益为 26.5 dBi，最大口径效率为 43.5%，反射系数和增益的共同相对工作带宽为 6%。

2. 多波束辐射分析

下面开始对一个四波束卡塞格伦反射阵天线进行设计，辐射波束指向为 $\theta_{(i=1,2,3,4)} = 15°$ 且 $\varphi_{(i=1,2,3,4)} = (45°,135°,225°,315°)$，同样通过式（3–17）得出主面所需要的相位补偿，其结果如图 3.2.17（a）所示，由于天线主面和副面的焦距和口径以及它们之间的距离未发生改变，因此副面结构仍与单波束时相同。在此基础上，根据图 3.2.11（b）和图 3.2.11（d）中单元尺寸和相位之间的对应关系，可以得到主面的实际结构，其结果如图 3.2.17（b）所示，基于此，可以在全波仿真软件中完成主面和副面的建立，并将 WR62 标准波导作为馈源，分析卡塞格伦反射阵天线四波束辐射的性能。

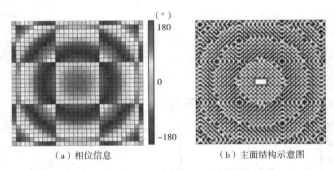

（a）相位信息　　　　　　　（b）主面结构示意图

图 3.2.17　四波束辐射时主面的相位信息和结构示意图

图 3.2.18 展示了卡塞格伦反射阵天线四波束在 15 GHz 处的辐射特性。通过 3D 辐射方向图可以清楚地看出，交叉极化波束产生了较好的四波束辐射，在主极化处的辐射能量反而很小，且较好地抑制了主极化辐射。此外，通过交叉极化和主极化的远场强度图也可以看出该天线实现了交叉极化下的四波束辐射。该四波束的交叉极化辐射增益为：在 [15°，45°] 时为 19.0 dBi，在 [15°，135°] 时为 19.3 dBi，在 [15°，225°] 时为 18.7 dBi，在 [15°，315°] 时为 19.7 dBi，而主极化最大辐射增益仅为 6.1 dBi。此外，还给出了该四波束辐射的 2D 方向图，为后续的天线远场方向图的实测提供对比参考，这里展示了在 $\varphi = 45°$ 和 $\varphi = 315°$ 两个截面下的 2D 辐射方向图，其中在 $\varphi = 45°$ 的截面下我们能够获得 [15°，45°] 和 [15°，225°] 两个辐射指向下的 2D 辐射方向图，在 $\varphi = 315°$ 的截面下我们能够获得 [15°，135°] 和 [15°，315°] 两个辐射指向下的 2D 辐射方向图。通过 2D 辐射

方向图可以清楚地看出，天线在 $\varphi = 45°$ 和 $\varphi = 315°$ 两个截面下其辐射方向图均具有较低的副瓣电平，其中在 $\varphi = 45°$ 截面下的副瓣电平为 –18.2 dB，在 $\varphi = 315°$ 截面下的副瓣电平为 –15.4 dB。

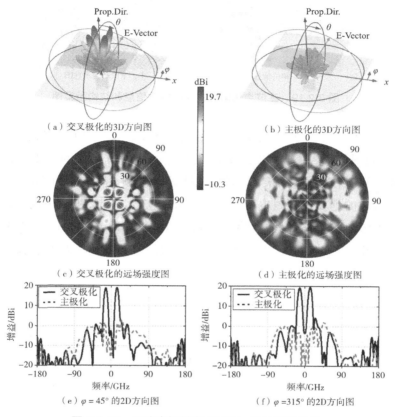

图 3.2.18　四波束辐射在 15 GHz 处的辐射特性

接下来对一个三波束卡塞格伦反射阵天线进行设计，辐射波束指向为 $\theta_{(i=1,2,3)} = 15°$ 且 $\varphi_{(i=1,2,3)} = (0°,120°,240°)$，通过式（3–17）可以得出主面所需的相位补偿，其结果如图 3.2.19（a）所示。在此基础上，根据图 3.2.11（b）和图 3.2.11（d）中单元尺寸和相位之间的对应关系，可以得到主面的实际结构，其结果如图 3.2.19（b）所示。基于此则可以在全波仿真软件中完成该卡塞格伦反射阵天线的建立，并将 WR62 标准波导作为馈源，分析卡塞格伦反射阵天线三波束辐射的性能。通过图 3.2.19 中主面的相位信息和实际结构可以看出明显的三波束轮廓。

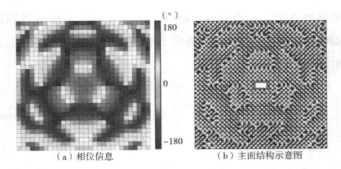

（a）相位信息   （b）主面结构示意图

图 3.2.19   三波束辐射时主面的相位信息和结构示意图

图 3.2.20 展示了卡塞格伦反射阵天线在 15 GHz 处三波束的辐射特性。通过 3D 辐射方向图可以清楚地看出，在交叉极化波束产生了较好的三波束辐射，同时在主极化处的辐射能量反而很小，较好地抑制了主极化辐射。与此同时，通过交叉极化和主极化的远场强度图也可以看出该天线实现了交叉极化下的三波束辐射。该三波束的交叉极化辐射增益为：在 [0°，15°] 时为 19.6 dBi，在 [15°，120°] 时为 20.4 dBi，在 [15°,240°] 时为 20.4 dBi，而主极化最大辐射增益仅为 5.5 dBi。

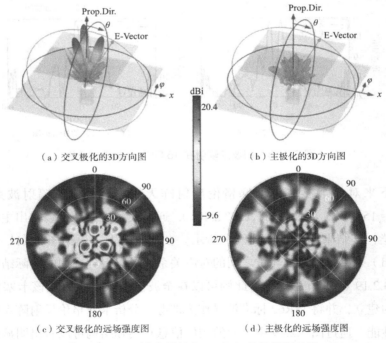

（a）交叉极化的3D方向图   （b）主极化的3D方向图

（c）交叉极化的远场强度图   （d）主极化的远场强度图

图 3.2.20   三波束辐射在 15 GHz 处的辐射特性

最后还完成了一个五波束卡塞格伦反射阵天线的设计，辐射波束指向为 $\theta_{(i=1,2,3,4,5)} = 15°$ 且 $\varphi_{(i=1,2,3,4,5)} = (0°, 72°, 144°, 216°, 288°)$，此时同样通过式（3-17）可以计算得出主面所需要的相位补偿，其结果如图3.2.21（a）所示。在此基础上，根据图3.2.11（b）和图3.2.11（d）中单元尺寸和相位之间的对应关系，则可以得到主面的实际结构，其结果如图3.2.21（b）所示，基于此则可以在全波仿真软件中完成该卡塞格伦反射阵天线的建立，并将WR62标准波导作为馈源，分析卡塞格伦反射阵天线五波束辐射的性能。通过图3.2.21中主面的相位信息和实际结构已经可以看出明显的五波束轮廓。

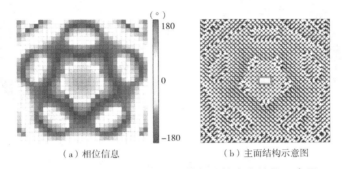

（a）相位信息　　　　　　　（b）主面结构示意图

图3.2.21　五波束辐射时主面的相位信息和结构示意图

图3.2.22给出了卡塞格伦反射阵天线在15 GHz处五波束的辐射特性。通过3D辐射方向图可以清楚地看出，在交叉极化波束产生了较好的五波束辐射，同时在主极化处的辐射能量反而很小，较好地抑制了主极化辐射。与此同时，通过交叉极化和主极化的远场强度图也同样可以看出该天线实现了交叉极化下的五波束辐射。该五波束的交叉极化辐射增益为：在 [0°，15°] 时为18.0 dBi，在 [15°，72°] 时为16.9 dBi，在 [15°，144°] 时为19.3 dBi，在 [15°，216°] 时为19.4 dBi，在 [15°，288°] 时为17.5 dBi，而主极化最大辐射增益仅为5.6 dBi。

继续对该多波束卡塞格伦反射阵天线的带宽性能进行分析，其结果如图3.2.23所示。u_{iy} 对于三波束辐射的情况，反射系数低于 −10 dB 的工作频段为14~16 GHz，且其 −1.5 dB 增益带宽为14.7~15.7 GHz，因此反射系数和 −1.5 dB 增益带宽的共同相对工作带宽应为6.7%；u_{iy} 对于四波束辐射的情况，反射系数低于 −10 dB 的工作频段为14.5~16 GHz，且其 −1.5 dB 增益带宽为14.5~15.4 GHz，因此反射系数和 −1.5 dB 增益带宽的共同相对工作带宽应为6%；u_{iy} 对于五波束辐射的情况，反射系数低于 −10 dB 的工作频段为14.3~16 GHz，同时其 −1.5 dB 增益

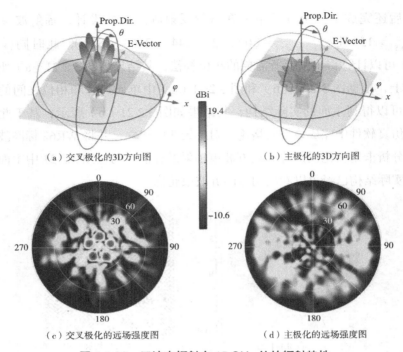

（a）交叉极化的3D方向图　　　　　　　（b）主极化的3D方向图

（c）交叉极化的远场强度图　　　　　　　（d）主极化的远场强度图

图 3.2.22　五波束辐射在 15 GHz 处的辐射特性

带宽为 14.4 ~15.9 GHz，因此反射系数和 –1.5 dB 增益带宽的共同相对工作带宽应为 10%。与此同时，三波束辐射的峰值增益在 15.1 GHz 且增益值为 20.4 dBi，四波束辐射的峰值增益在 15.1 GHz 且增益值为 19.3 dBi，五波束辐射的峰值增益在 15.1 GHz 且增益值为 18.3 dBi。多波束辐射的口径效率可以通过公式 $\eta=G_s\lambda^2/4\pi A^2$ 进行计算，其中 G_s 为多波束辐射的总增益且 $G_s = 10\lg(i\times10^{G_{ave}/10})$，$G_{ave}$ 为多波束的平均增益，i 为波束的数量，A 为天线的辐射口径面积，λ 为天线在自由空间中的工作波长，通过计算可得：三波束的口径效率为 32.5%，四波束的口径效率为 33.3%，五波束的口径效率为 33.3%。

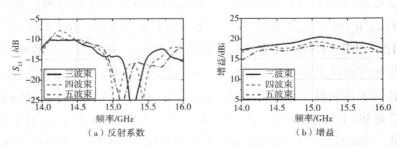

（a）反射系数　　　　　　　　　　（b）增益

图 3.2.23　多波束的反射系数和增益特性

3.2.5　高极化纯度的低剖面极化扭转的卡塞格伦反射阵天线

在上一节中完成了对低剖面极化扭转的卡塞格伦反射阵天线的整体设计，并分析了其实现单波束辐射和多波束辐射的能力，最终在交叉极化下实现了主波束、三波束、四波束、五波束辐射 t，同时主极化的增益分别为 6.42 dBi、5.5 dBi、6.1 dBi 和 5.6 dBi。可以看出，目前主极化虽然已被较多地抑制，还是有不少的能量溢出，为了进一步提高天线的极化纯度，本节将对卡塞格伦反射阵天线的副面做进一步改进，在提高极化纯度的同时，保证天线仍具有良好的辐射性能。

图 3.2.24 为改进后的半封闭式卡塞格伦反射阵天线的结构示意图，这里所采用的主面和副面为产生四波束辐射时的主面和副面结构，并在此基础上对副面做了进一步扩展，在副面周围加载了一圈极化栅格结构，使副面的口径变得和主面相同，且所加载的极化栅格与原始副面的极化栅格相一致。这样可以避免副面边缘绕射出去且未完全转换的主极化波束的泄漏，将其反射回主面重新进行极化换转，进而提高极化纯度。

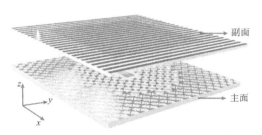

图 3.2.24　半封闭式卡塞格伦反射阵天线结构示意图

图 3.2.25 展示了半封闭式卡塞格伦反射阵天线在 15 GHz 处四波束的辐射特性。通过 3D 辐射方向图可以清楚地看出，交叉极化波束产生了较好的四波束辐射，相比之前的设计，主极化处的辐射能量变得更小。同时，通过交叉极化和主极化的远场强度图也可以看出该天线实现了交叉极化下的四波束辐射。该四波束的交叉极化辐射增益：在 [15°，45°] 时为 19.3 dBi、在 [15°，135°] 时为 19.8 dBi、在 [15°，225°] 时为 19.1 dBi、在 [15°，315°] 时为 19.3 dBi，而主极化最大辐射增益仅为 2.9 dBi。可以看出，对比前面普通形式的卡塞格伦反射阵天线，半封闭式卡塞格伦反射阵天线的交叉极化辐射增益变化不大，但是主极化辐射被更多地抑制，与之前相比主极化降低了 3.2 dB。

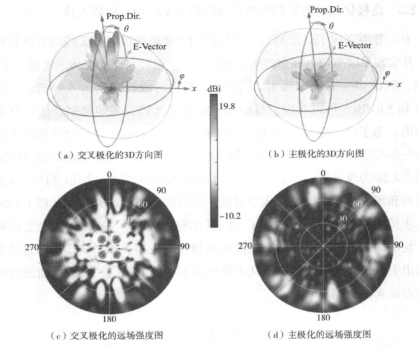

（a）交叉极化的3D方向图   （b）主极化的3D方向图

（c）交叉极化的远场强度图   （d）主极化的远场强度图

图 3.2.25　半封闭式卡塞格伦反射阵天线在 15 GHz 处四波束的辐射特性

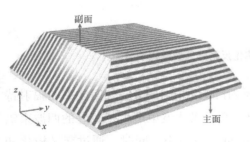

**图 3.2.26　全封闭式卡塞格伦
反射阵天线结构示意图**

　　下面对半封闭式的卡塞格伦反射阵天线做进一步改进，形成全封闭式卡塞格伦反射阵天线，其结构示意如图 3.2.26 所示，这里所采用的主面和副面选择上一节产生四波束辐射时的主面和副面结构，在此基础上对副面做了进一步扩展形成一个梯形的副面天线罩结构，在设计时应注意副面天线罩扩展部分的极化栅格方向需要与原始的副面一致，保证主极化波被反射，且交叉极化波可以正常透射。这样设计，可以进一步抑制主极化波，提高极化纯度，同时还不会影响天线的正常辐射。

　　图 3.2.27 展示了全封闭式卡塞格伦反射阵天线在 15 GHz 处四波束的辐射特性。通过 3D 辐射方向图可以清楚地看出，交叉极化波束产生了较好的四波束辐射，相比原始的设计和半封闭式的设计，主极化处的辐射能量进一步减小。通

过交叉极化和主极化的远场强度图也可以看出该天线实现了交叉极化下的四波束辐射。该四波束的交叉极化辐射增益：在 [15°，45°] 时为 19.6 dBi、在 [15°，135°] 时为 19.3 dBi、在 [15°，225°] 时为 18.8 dBi、在 [15°，315°] 时为 19.9 dBi，而主极化最大辐射增益仅为 0.9 dBi。可以看出，与原始的四波束天线相比，全封闭式卡塞格伦反射阵天线的主极化几乎被完全抑制，其辐射增益减弱了 5.2 dB，极化纯度进一步提高。但是该设计仍然存在一些缺点，将其交叉极化的远场强度图与原始设计和半封闭式设计的四波束辐射的远场强度图进行对比，可以发现其周围的副瓣能量明显增强，主要是由于主面的极化转换效率并不是100%，这表明主极化电磁波经过一次反射后并不能完全转换为交叉极化电磁波，将该卡塞格伦天线设计为全封闭后，剩下未被完全转换的一小部分主极化电磁波将会一直循环反射回主面极化并转换为交叉极化电磁波，通过副面天线罩辐射出去，此时剩下的主极化循环往复的反射以及脱离了卡塞格伦天线的相位补偿路径，由于从未形成副瓣导致了副瓣能量明显增强，但副瓣能量并不大，因此并不会影响该天线交叉极化下的多波束辐射性能。

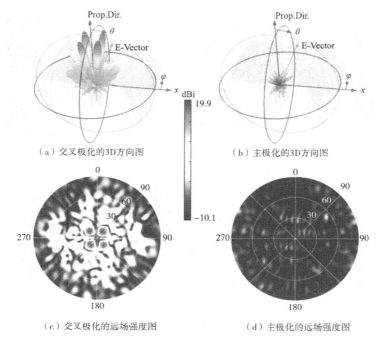

（a）交叉极化的3D方向图　　　　　（b）主极化的3D方向图

（c）交叉极化的远场强度图　　　　　（d）主极化的远场强度图

图 3.2.27　全封闭式卡塞格伦反射阵天线在 15 GHz 处四波束的辐射特性

3.2.6 实验测试

最后，对原始的卡塞格伦反射阵天线（图3.2.17）和全封闭式卡塞格伦反射阵天线（图3.2.26）进行了加工，并在微波暗室中测试了两个天线产生四波束辐射的能力，其测试场地和天线的加工图如图3.2.28所示。为了测量这两个天线的四波束辐射性能，需要在 $\varphi = 45°$ 和 $\varphi = 315°$ 两个截面下进行测试。首先，将被测天线旋转45°放置，同时将接收喇叭天线旋转 –45°（315°）放置，这种情况下被测天线的馈源方向和接收喇叭的电场方向相互垂直，用于测试被测天线在交叉极化下的辐射特性，这样可以在 $\varphi = 45°$ 的截面下获得 [15°，45°] 和 [15°，225°] 两个辐射指向下的交叉辐射方向图；其次，将被测天线旋转 –45°（315°）放置，同时将接收喇叭天线旋转45°放置，这种情况下被测天线的馈源方向和接收喇叭的电场方向相互垂直，用于测试被测天线在交叉极化下的辐射特性，这样可以在 $\varphi = 315°$ 的截面下获得 [15°，135°] 和 [15°，315°] 两个辐射指向下的交叉辐射方向图。基于上述方法，将被测天线和接收喇叭天线旋转为相同角度可以获得主极化的辐射方向图，且可以完成四波束辐射方向图的测试。

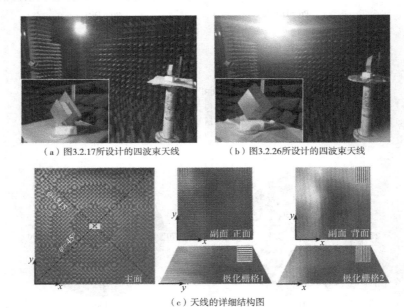

（a）图3.2.17所设计的四波束天线　　（b）图3.2.26所设计的四波束天线

（c）天线的详细结构图

图 3.2.28　卡塞格伦反射阵天线的测试场地和天线加工图

图3.2.29为原始的卡塞格伦反射阵天线（图3.2.17）在15 GHz处的辐射特性，通过测试结果可以看出该四波束的交叉极化辐射增益：在 [13°，45°] 时为

17.7 dBi，在 [14°，135°] 时为 17.9 dBi，在 [14°，225°] 时为 18.7 dBi，在 [13°，315°] 时为 18.7 dBi，而主极化辐射增益最大仅为 4.7 dBi。图 3.2.30 为全封闭式卡塞格伦反射阵天线（图 3.2.26）在 15 GHz 处的辐射特性，通过测试结果可以看出该四波束的交叉极化辐射增益：在 [14°，45°] 时为 17.4 dBi，在 [14°，135°] 时为 18.7 dBi，在 [13°，225°] 时为 18.3 dBi，在 [14°，315°] 时为 17.7 dBi，而主极化辐射增益最大仅为 –0.1 dBi。与仿真结果对比，可以发现实测产生了微小的辐射指向偏移和增益的下降，主要是由材料本身的实际损耗和加工误差所导致的，但是整体的实测结果仍符合四波束卡塞格伦反射阵天线的设计预期。

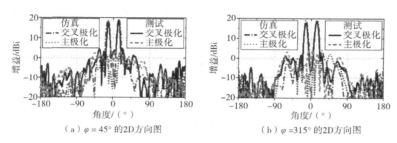

（a）φ = 45° 的2D方向图   （b）φ =315° 的2D方向图

图 3.2.29　原始的卡塞格伦反射阵天线在 15 GHz 处的辐射特性

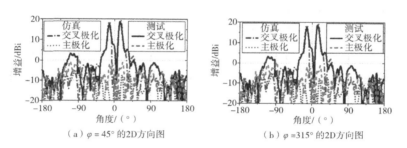

（a）φ = 45° 的2D方向图   （b）φ =315° 的2D方向图

图 3.2.30　全封闭式卡塞格伦反射阵天线在 15 GHz 处的辐射特性

3.3　新型双频双圆极化折叠反射阵天线

由于圆极化（Circularly Polarized，CP）天线具有对多径传播和极化取向不敏感等优点，一直是天线领域的研究热点之一。

近年来，由极化栅格和极化转换反射器组成的折叠反射阵被提出以实现 CP 辐射。目前为止，折叠反射阵的 CP 辐射可以通过采用 CP 馈源或将线圆极化转换器在极化栅格上方加载来实现。目前，透射超表面和频率选择表面已经被应用于设计双频透射阵列。目前，利用具有双频双 CP 馈电作为馈源或采用双频双线圆极化转换器已经实现了双频双 CP 透射阵列。此外，金属探针型天线–滤波–天线结构还分别通过旋转低频和高频发射单元形成梯度排列实现双波段双 CP 辐射。因此，如果将这种透射超表面作为副面来实现极化选择功能，同时将 LP 波在低频中转换为 RHCP 波，在高频中转换为 LHCP 波，则可以通过集成线极化转换超表面作为主面以实现双频双 CP 折叠反射阵天线。

基于上述考虑，本章介绍了一种新型双频双圆极化折叠反射阵天线，其中双频线圆极化转换超表面作为副面，线极化转换超表面作为主面，喇叭天线作为馈源。这个天线的工作原理是：馈源天线辐射的 y 极化波照射至副面后将被反射回主面，通过主面将所反射的 y 极化波进行线极化转换和球面波 – 平面波校准后产生 x 极化平面波，该 x 极化平面波能够从副面透射出去，实现双频双圆极化辐射波束。

3.3.1 折叠反射阵天线的射线追迹原理

本节首先展示了双频双圆极化折叠反射阵天线的整体结构示意图，如图 3.3.1 所示，包括主面、副面和馈源三部分。为了使该折叠反射阵天线实现双频双圆极化功能，主面与传统的折叠反射阵天线相同，采用线极化转换器实现 y 极化波到 x 极化波的转换功能和球面波 – 平面波的校准功能，副面则采用双频线圆极化转换超表面实现极化选择功能和 x 极化波到低频 RHCP 波和高频 LHCP 波的转换功能，同时采用喇叭天线作为馈源。

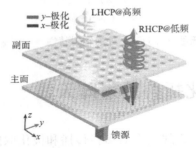

图 3.3.1　双频双圆极化折叠反射阵天线的整体结构示意图

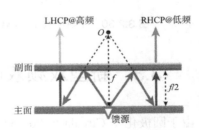

图 3.3.2　双频双圆极化折叠反射阵天线的射线追迹原理图

图 3.3.2 展示了该双频双圆极化折叠反射阵天线的射线追迹原理，基于该原理图，副面无须进行相位补偿，主面所需的相位补偿 Φ_{PM} 为

$$\Phi_{PM}(x,y) = k\sqrt{x^2 + y^2 + f^2} + \Phi_0 \qquad\qquad （3-21）$$

其中，k 为自由空间的波数，(x,y) 为主面上每个单元的坐标，f 为主面的焦距。在本节中，均选择口径为 150×150 mm² 的主面和副面，且主面的焦距 f 为 135 mm。基于上述数据，可以得到主面的最大入射角度为 40°。

3.3.2 线极化转换超表面

本节基于上一节所描述的对线极化转换超表面进行设计，其结构如图 3.3.3 所示，包括顶层的用于实现 y 极化波到 x 极化波的转换和相位调控的箭头型金属贴片，中间层的介质基板和底层的金属地板。该超表面单元采用相对介电常数为 3.5 且损耗角正切为 0.001 的介质基板，其最优尺寸如表 3.3.1 所示。

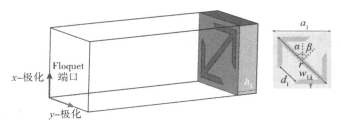

图 3.3.3 线极化转换超表面单元的结构示意图和仿真设置

表 3.3.1 线极化转换超表面的单元尺寸

a_1	r	h_1	w_1	β	α
5 mm	4.2 $\sqrt{2}$ mm	3 mm	0.3 mm	+45°	−45°

如图 3.3.4 所示，对该超表面的反射性能进行分析。可以看出，随着入射角度从 0° 变化至 40°，在 $d_1 = 1$ mm 和 $d_1 = 5$ mm 时的反射幅度 $|R_{x,y}|$ 在 12~14.55 GHz 的频率范围内保持高于 −1 dB。与此同时，给出了在低频和高频情况下单元尺寸和入射角度变化时反射幅度 $|R_{x,y}|$ 和反射相位 $\arg(R_{x,y})$ 的变化，如图 3.3.5 和图 3.3.6 所示。可以看出，对于 12.5 GHz 和 14.2 GHz 两个频率下，当 d_1 在 1~5 mm 变化且入射角度在 0°~40° 变化时，反射幅度 $|R_{x,y}|$ 仍保持高于 −1 dB，而且 −45° 和 +45° 线极化转换超表面的组合实现了 360° 相位变化。

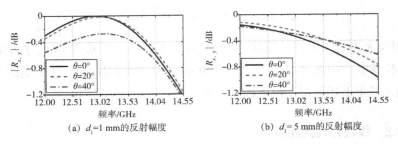

(a) $d_1=1$ mm的反射幅度　　　　(b) $d_1=5$ mm的反射幅度

图 3.3.4　线极化转换超表面的带宽性能

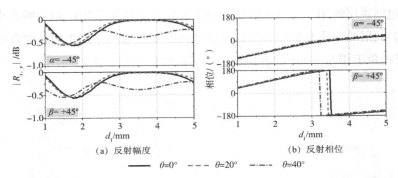

(a) 反射幅度　　　　(b) 反射相位

——— $\theta=0°$　　‒ ‒ ‒ $\theta=20°$　　‒·‒·‒ $\theta=40°$

图 3.3.5　线极化转换超表面在 12.5 GHz 下反射幅度和反射相位随单元尺寸的变化关系

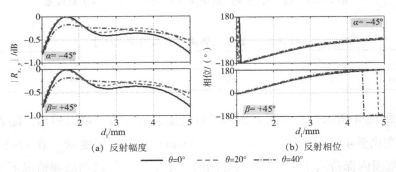

(a) 反射幅度　　　　(b) 反射相位

——— $\theta=0°$　　‒ ‒ ‒ $\theta=20°$　　‒·‒·‒ $\theta=40°$

图 3.3.6　线极化转换超表面在 14.2 GHz 下反射幅度和反射相位随单元尺寸的变化关系

　　基于上述结果，该线极化转换超表面有能力实现双频双圆极化折叠反射阵天线的主面需要的所有功能。

3.3.3　双频线圆极化转换超表面

　　本节将对双频线圆极化转换超表面进行设计，其结构如图 3.3.7 所示，包括顶层的圆极化贴片、中间层带有小孔的金属地板贴片和底层的线极化贴片；每层贴片通过介质基板进行隔离，且顶层的圆极化贴片和底层的线极化贴片与穿过金属地板小孔的金属探针相连接；同时，线极化贴片和圆极化贴片均包括低频的黄色贴片和高频的棕色贴片。基于上述结构，当 y 极化波入射时会发生全反射，而 x 极化波入射时，则会发生全透射，同时在低频被转换为 RHCP 波而在高频被转换为 LHCP 波。该超表面单元采用相对介电常数为 3.5 且损耗角正切为 0.001 的介质基板，其最优尺寸如表 3.3.2 所示。图 3.3.8 展示了双频线圆极化转换超表面单元的仿真设置，为了验证双频线圆极化转换超表面单元在低频和高频下实现线极化到圆极化的转换能力，需要将 Floquet 端口 1 设置为线极化模式，将 Floquet 端口 2 设置为圆极化模式，用于分析线极化到圆极化的转换能力。

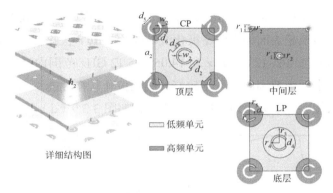

图 3.3.7　双频线圆极化转换超表面的结构示意图

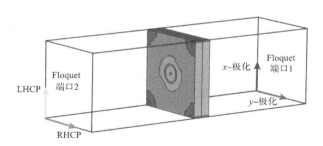

图 3.3.8　双频线圆极化转换超表面单元的仿真设置

表 3.3.2　双频线圆极化转换超表面的单元尺寸

单位：mm

a_2	r_1	r_2	h_2	w_2	d_2	d_3	r_3
13	1	0.5	1.5	0.3	2.3	0.27	3
r_4	d_4	d_5	d_6	r_5	r_6	d_7	
1.68	0.2	2.2	0.16	2.6	1.25	0.6	

接下来对该超表面的透射和反射性能进行分析，如图 3.3.9 所示。可以看出，当 x 极化波入射时，该超表面在 12.5 GHz 附近将 x 极化波转换为 RHCP 波，在 14.2 GHz 附近将 x 极化波转换为 LHCP 波，如图 3.3.9（a）所示。图 3.3.9（b）展示了 x 极化波的反射幅度 $|R_{x,x}|$，其在 11.87~12.75 GHz 和 13.86~14.56 GHz 范围内低于 −10 dB。与此同时，为了进一步衡量所设计的极化转换超表面的极化转换性能，研究学者还定义了极化转换效率，其表达式如下：

$$\eta_{CP} = \frac{\left\| T_{LHCP,x} \right\|^2 - \left| T_{RHCP,x} \right|^2}{\left| T_{LHCP,x} \right|^2 + \left| T_{RHCP,x} \right|^2}$$ （3−22）

根据式（3−22）可以看出，如果 $|T_{LHCP,x}|=1$，$|T_{RHCP,x}| = 0$，则说明线圆极化转换超表面完全将 x 极化波转换为 LHCP 极化波。如果 $|T_{LHCP,x}|=0$，$|T_{RHCP,x}| = 1$，则说明线圆极化转换超表面完全将 x 极化波转换为 RHCP 极化波，该超表面的线圆极化转换效率在 11.92~12.88 GHz 和 14.05~15.12 GHz 范围内高于 95%，这说明超表面在这两个频率范围内实现了较好的线圆极化转换性能。另外，双频线圆极化转换超表面能够近乎完美地反射 y 极化波，如图 3.3.9（d）所示。

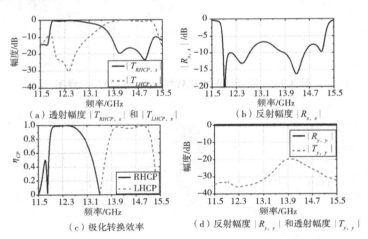

图 3.3.9 双频线圆极化转换超表面的透射和反射性能

基于上述结果，该双频线圆极化转换超表面有能力实现双频双圆极化折叠反射阵天线的副面所需要的所有功能。

3.3.4 双频双圆极化折叠反射阵天线

本节将利用前文所设计的主面和副面单元完成双频双圆极化折叠反射阵天线

的设计。

图 3.3.10 首先分析了在不同频率下进行相位补偿对主面辐射性能的影响。根据公式（3-21），计算可以得到主面边长为 150 mm 时不同频率下的相位补偿信息，可以看出随着频率的增大，相位补偿的波动变快，因此需要研究不同频率的相位补偿对主面辐射性能的影响。通过仿真结果可以看出，当主面边长为 150 mm 时，不同频率下的相位补偿对主面的辐射增益仅有微小的影响；而随着主面边长增加到 200 mm、250 mm 和 300 mm 时，可以看出不同频率下的相位补偿对主面的辐射增益产生了较大的影响。因此对于大口径的主面，选择中心频率进行相位补偿计算所产生的误差最小。

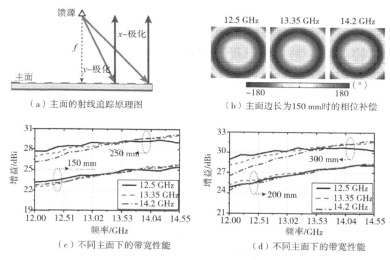

图 3.3.10　不同频率的相位补偿下主面的带宽性能

通过对双频双圆极化折叠反射阵天线的辐射性能进行仿真分析，其结果如图 3.3.11 和图 3.3.12 所示。在低频情况下，折叠反射阵天线在 12.5 GHz 附近实现了 RHCP 辐射波束且增益为 23.1 dBic，LHCP 辐射波束的能量非常小；同时，在 12.5 GHz 处的轴比分别为 1.2 dB。在高频情况下，折叠反射阵天线在 14.2 GHz 附近实现了 LHCP 辐射波束且增益为 24.6 dBic，RHCP 辐射波束的能量非常小；同时，在 14.2 GHz 处的轴比分别为 2.2 dB。因此，折叠反射阵天线在低频情况下实现了 RHCP 辐射，在高频情况下实现了 LHCP 辐射，最终完成了双频双圆极化折叠反射阵天线的设计。

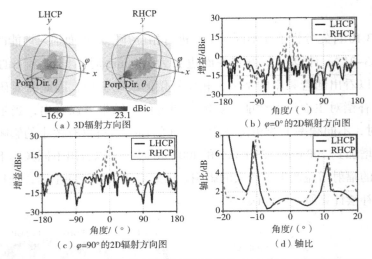

（a）3D辐射方向图　　（b）φ=0°的2D辐射方向图　　（c）φ=90°的2D辐射方向图　　（d）轴比

图 3.3.11　双频双圆极化折叠反射阵天线在 12.5 GHz 时的辐射性能

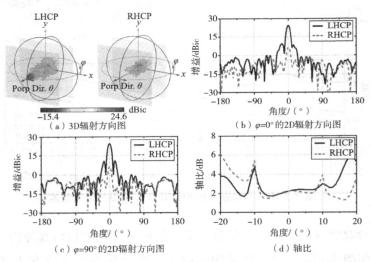

（a）3D辐射方向图　　（b）φ=0°的2D辐射方向图　　（c）φ=90°的2D辐射方向图　　（d）轴比

图 3.3.12　双频双圆极化折叠反射阵天线在 14.2 GHz 时的辐射性能

图 3.3.13 展示了折叠反射阵天线的带宽性能。可以看出，反射系数 S_{11} 在 12.20~12.91 GHz 和 14.04~14.50 GHz 频率范围内低于 −10 dB；−1.5 dB 增益带宽为 12.05~13.00 GHz 和 13.95~14.55 GHz。与此同时，RHCP 波束的峰值增益在 12.85 GHz，增益为 23.2 dBic，最大口径效率为 42.6%；LHCP 波束的峰值增益在 14.27 GHz，增益为 24.9 dBic，最大口径效率为 48.9%。另外，3 dB 轴比带宽分别为 12.15~12.90 GHz 和 13.95~14.5 GHz。最后，对于口径边长为 15 mm 的折

叠反射阵天线来说，可以看出在低频情况下副瓣电平较高，这是因为主面和副面的极化转换效率不是 100% 的，因此剩余的线极化波将在主面与副面之间再次反射回来，从而导致副瓣电平增加。在此基础上，我们通过将口径边长增加到 200 mm 来降低折叠反射阵天线的副瓣电平，可以看出在低频中副瓣电平的振幅显著降低，但在高频中其变化不大。

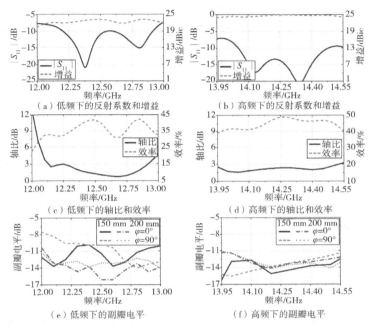

图 3.3.13　双频双圆极化折叠反射阵天线的带宽性能

3.3.5　实验测试

　　我们对这个折叠反射阵天线进行了加工，并在微波暗室中测试了它的辐射性能，图 3.3.14 是该折叠反射阵天线的测试场地和加工模型。

　　图 3.3.15 和图 3.3.16 分别展示了折叠反射阵天线在低频和高频下的测试结果和仿真结果对比。可以看出，测试得到的方向图和仿真的方向图具有较好的一致性，折叠反射阵天线在

图 3.3.14　双频双圆极化折叠反射阵天线的
测试场地和加工模型

12.5 GHz 时实现了 RHCP 辐射波束且测试增益为 22.5 dBic，在 14.2 GHz 时实现了 LHCP 辐射波束且测试增益为 23.9 dBic。−1.5 dB 增益带宽为 12.20~12.95 GHz 和 13.95~14.55 GHz。同时，RHCP 波束的峰值增益在 12.55 GHz，增益为 23.1 dBic，最大口径效率为 40.2%；LHCP 波束的峰值增益在 14.10 GHz，增益为 24.4 dBic，最大口径效率为 42.8%。另外，3 dB 轴比带宽分别为 12.25~12.95 GHz 和 14.00~14.55 GHz。与仿真结果相比，由于存在加工误差和测量误差，测试结果产生了轻微的频率偏差和增益降低。然而，总体测试结果仍然展示了令人满意的双频双圆极化辐射性能。

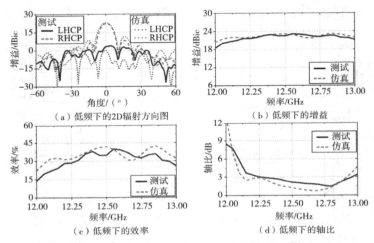

图 3.3.15　双频双圆极化折叠反射阵天线在低频下的测试结果和仿真结果对比

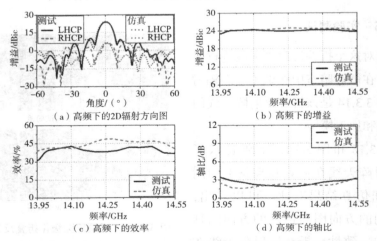

图 3.3.16　双频双圆极化折叠反射阵天线在高频下的测试结果和仿真结果对比

3.4   新型低剖面双圆极化多波束折叠反射阵天线

由于多波束天线具有提高频谱利用率、增加信道容量、覆盖范围广等优点，在无线通信系统中得到了广泛的关注和越来越多的应用。相比于线极化（LP）多波束天线，圆极化（CP）多波束天线能够在恶劣的天气环境下避免多径衰弱和信号损失。

在过去的几十年中，多波束反射阵天线（RA）和透射阵天线（TA）得到了广泛的研究，其中折叠反射阵天线（FRA）和折叠透射阵天线（FTA）由于具有结构紧凑、易于制造和成本低等优点，被证明是实现多波束辐射的理想选择。例如，利用口径场叠加法、调节极化栅格的反射特性、简单的倾斜顶层或底层表面、采用多个相同的馈源等方法实现了具有多波束功能的 FRAs 和 FTAs，而多馈源法与其他三种方法相比，结构简单，容易实现对辐射波束的全覆盖。通过在 FRA 和 FTA 上集成线 – 圆极化转换器可以实现 CP 多波束辐射、FRA 和 FTA 的 CP 单波束辐射以及双频段双 CP 的功能，但鲜有研究考虑双 CP 多波束辐射。

基于上述考虑，本节将介绍一种新型低剖面双圆极化多波束折叠反射阵天线，其中多功能超表面作为主面，线极化转换超表面作为副面，多个微带天线作为馈源。这个天线的工作原理是：每个微带天线辐射的 y 极化波照射至副面后将会实现波前发散，然后将被均匀照射至主面，通过主面将所反射的 y 极化波进行线极化转换和球面波 – 平面波校准后产生 x 极化平面波，该 x 极化平面波能够从副面透射出去，实现双圆极化辐射波束。由于本节所提出的折叠反射阵天线避免了传统折叠反射阵天线的副面遮挡问题，因此当采用较大的副面进行波前发散时，则可以降低天线的剖面高度；与此同时，该折叠反射阵天线采用多个微带天线馈源进行馈电并实现了多波束辐射。

3.4.1   折叠反射阵天线的射线追迹原理

本节首先展示了低剖面双圆极化多波束折叠反射阵天线的整体结构示意图，如图 3.4.1 所示，包括主面、副面和馈源三部分。为了使该折叠反射阵天线实现低剖面双圆极化多波束辐射功能，主面采用线极化转换器实现 y 极化波到 x 极化波的转换功能和球面波 – 平面波的校准功能，副面则采用多功能超表面实现 y 极化波的反射和波前发散功能以及 x 极化波的透射和线极化 – 双圆极化分波功能，同时采用多个微带天线作为馈源实现多波束辐射，图 3.4.2 为低剖面双圆极化多波束折叠反射阵天线的射线追迹原理图。

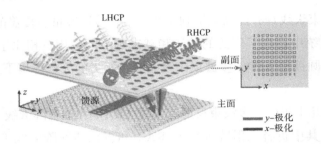

图 3.4.1　低剖面双圆极化多波束折叠反射阵天线的整体结构示意图

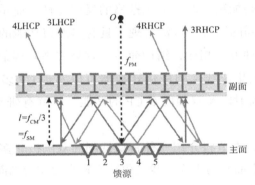

图 3.4.2　低剖面双圆极化多波束折叠反射阵天线的射线追迹原理图

3.4.2　多功能超表面

通过对多功能超表面进行设计，其结构如图 3.4.3 所示，包括第一层的梯度排列的方形金属贴片、第二层带有小孔的金属贴片、第三层周期排列的方形金属贴片和第四层用于实现波前发散的 C 形金属贴片；每层贴片均通过介质基板进行隔离，且第一层和第三层的贴片穿过金属地板小孔的金属探针相连接。基于上述结构，当 y 极化波入射时会发生全反射和波前发散，当 x 极化波入射时会发生全透射同时分裂并转换为 LHCP 波和 RHCP 波。该超表面单元采用相对介电常数为 2.2 且损耗角正切为 0.001 的介质基板，其最优尺寸如表 3.4.1 所示。

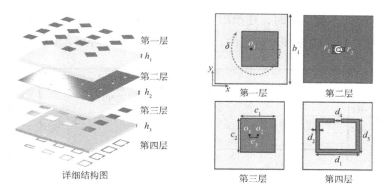

图 3.4.3　多功能超表面的结构示意图

表 3.4.1　多功能超表面的单元尺寸

单位：mm

b_1	r_1	r_2	h_2	h_3	c_1
8	1	0.5	1.5	0.5	4
c_2	c_3	d_2	d_3	d_4	d_1
4	1.5	0.2	4	0.3	

图 3.4.4 展示了在 y 极化波入射下改变入射角度 θ_1 和单元尺寸 d_1 时多功能超表面单元的反射性能。可以看出，当 d_1 从 1 mm 变化到 6 mm 时，反射幅度 $|R_{y,y}|$ 接近 0 dB，反射相位 arg（$R_{y,y}$）能够实现 327° 的相位变化。该相位变化能够满足第四层 C 形金属贴片的相位校正，以实现发散的波前。同时，给出了反射幅度 $|R_{y,y}|$ 的带宽性能，可以观察到在不同入射角度 θ_1 和不同单位尺寸 d_1 下，反射振幅 $|R_{y,y}|$ 在 13.7~14.7 GHz 频率范围内基本接近 0 dB。

图 3.4.5 展示了在 x 极化波入射下改变旋转角 δ 时多功能超表面单元从线极化到双圆极化转换的透射性能。为了实现 x 极化波到 LHCP 波和 RHCP 波的转换，LHCP 波 E_L^t 和 RHCP 波 E_R^t 的关系表示为 $E_L^t = \dfrac{1}{\sqrt{2}\,|T|}\,E_x^i e^{j(\varphi+\delta)}$ 和 $E_R^t = \dfrac{1}{\sqrt{2}\,|T|}\,E_x^i e^{j(\varphi-\delta)}$ 并根据线圆极化分波超表面的原理，其中 T 表示总透射系数并且 $|T| = |T_{LHCP,x}|^2 + |T_{RHCP,x}|^2$，$E_x^i$ 表示 x 极化波的电场，φ 表示任意的相位常数。因此，LHCP 波和 RHCP 波的透射幅度为 $\dfrac{1}{\sqrt{2}\,|T|}$，其透射相位为 arg（$T_{LHCP,x}$）$= \varphi+\delta$ 和 arg（$T_{RHCP,x}$）$= \varphi-\delta$。当旋转角度 δ 从 0° 变化到 360° 时，LHCP 波和 RHCP 波的透射幅度约为 $1/\sqrt{2}$，透射相位具有相反的变化趋势，这些

结果与理论公式一致。同时，还给出了透射幅度 $|T_{LHCPx}|$ 和 $|T_{RHCPx}|$ 的带宽性能，可以看出在 13.7~14.7 GHz 频率范围内，两个透射幅度随旋转角 δ 呈相同的变化趋势。

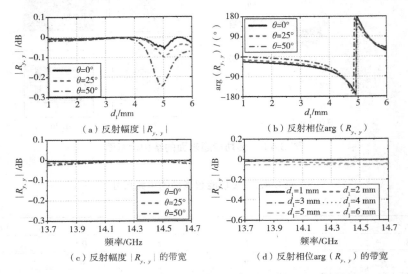

（a）反射幅度$|R_{y,y}|$ （b）反射相位arg（$R_{y,y}$）

（c）反射幅度$|R_{y,y}|$的带宽   （d）反射相位arg（$R_{y,y}$）的带宽

图 3.4.4　多功能超表面单元在 y 极化波入射下的反射性能

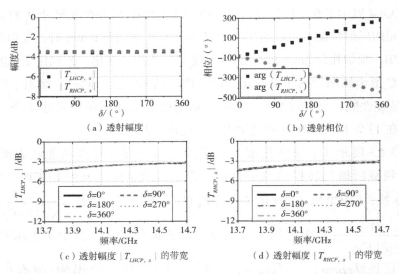

（a）透射幅度   （b）透射相位

（c）透射幅度$|T_{LHCP,x}|$的带宽   （d）透射幅度$|T_{RHCP,x}|$的带宽

图 3.4.5　多功能超表面单元在 x 极化波入射下的线 – 圆极化转换透射性能

3.4.3　微带天线馈源

图 3.4.6 展示了微带天线馈源的结构示意和辐射性能，这个微带天线由顶层的贴片阵列和同轴馈电的底层贴片组成，其最优尺寸如表 3.4.2 所示。馈电天线

的辐射性能如图 3.4.6（b）和图 3.4.6（c）所示。可以看出，在 14.2 GHz 下的辐射增益为 10 dBi，在 $\varphi=0°$ 和 $\varphi=90°$ 下天线的 –10 dB 波束宽度分别为 110° 和 116°。同时，–10 dB 反射系数的工作带宽为 13.0~15.0 GHz，–1.5 dB 增益带宽为 13.4~15.4 GHz。

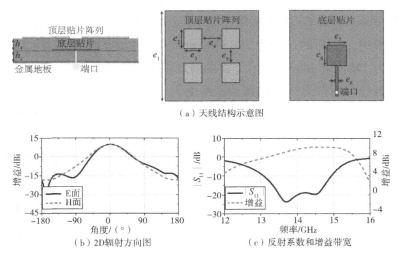

（a）天线结构示意图

（b）2D辐射方向图　　　　　　（c）反射系数和增益带宽

图 3.4.6　微带天线馈源的结构示意图和辐射性能

表 3.4.2　微带天线馈源的尺寸

单位：mm

h_4	e_1	e_2	e_3	e_4	e_5	e_6	e_7	e_8
0.5	22	4.8	3.8	4.6	3.3	5.0	4.4	0.6

3.4.4　低剖面双圆极化多波束折叠反射阵天线

下面我们开始低剖面双圆极化多波束折叠反射阵天线的设计，根据图 3.4.1（b）所示的射线追迹原理图，为了实现高增益辐射，副面第四层的 C 形金属贴片和主面所需的相位补偿 $\Phi_{SM\_第四层}$ 和 Φ_{PM} 为：

$$\Phi_{SM\_第四层}(x,y) = k\left[\sqrt{x^2+y^2+f_{SM}^2} - \sqrt{x^2+y^2+(f_{PM}-l)^2}\right] + \Phi_0 \qquad （3-23）$$

$$\Phi_{PM}(x,y) = k\left(\sqrt{x^2+y^2+f_{PM}^2}\right) + \Phi_0 \qquad （3-24）$$

其中，k 为自由空间的波数，(x,y) 为主面上每个单元的坐标，f_{SM} 为副面的焦距，f_{PM} 为主面的焦距，l 为主面和副面之间的距离。同时，在以上基础上，为了实现将高增益波束分裂并转换为双圆极化辐射波束，副面第一层方形金属贴片的旋转角度排列补偿根据下式获得：

$$d\delta / dx = k_0 \sin \theta_t, k_0 = 2\pi / \lambda_0 \qquad (3-25)$$

基于公式（3–25），例如，如果我们选择 LHCP 波束和 RHCP 波束的辐射角度 $\theta_t = \pm19°$，那么可以计算得到副面第一层方形金属贴片的旋转角度的变化梯度为 45°。

在本节中，主面的口径为 190×190 mm²，且主面的焦距 f_{PM} 为 171 mm。副面的口径为 192×192 mm²。同时，将副面放置于距主面三分之一焦距 f_{PM} 处以形成低剖面折叠反射阵天线，根据卡塞格伦天线原理，第四层 C 形金属贴片上相位补偿的口径大小约为主面口径面积的三分之一。因此，第四层 C 形金属贴片的口径面积为 128×128 mm²，副面的焦距 f_{SM} 选择为 57 mm。根据公式（3–23）~公式（3–25），通过计算可以得到折叠反射阵天线的相位和旋转角度补偿信息，如图 3.4.7 所示。根据主面和副面相应的相位和旋转角度补偿信息，我们构建了低剖面双圆极化多波束折叠反射阵天线，通过加载五个微带天线在主面的中心位置以及全波仿真验证了低剖面折叠反射阵天线的双圆极多波束辐射性能。

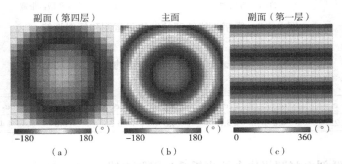

图 3.4.7　低剖面双圆极化多波束折叠反射阵天线的相位和旋转角度补偿信息

图 3.4.8 展示了该折叠反射阵天线的反射系数和互耦系数。通过图 3.4.8（a）可以看出，在 13.8~14.5 GHz 下所有端口的反射系数都可以保持在 −10 dB 以下，说明天线在这个频段内端口匹配较好。与此同时，图 3.4.8（b）~图 3.4.8（f）展示了每个馈电端口和其他馈电端口之间的互耦系数，所有端口的互耦系数在 13.8~14.5 GHz 下都可以保持小于 −15 dB。这些结果表明，该折叠反射阵天线具有良好的端口匹配和低的互耦系数。

该折叠反射阵天线的双圆极化多波束辐射性能如图 3.4.9~图 3.4.13 所示。通过 3D 辐射方向图，我们可以观察到，当其中一个馈源被激励时，折叠反射阵天线能够分裂并转换为双圆极化波束，其中 LHCP 波束在 −19°，RHCP 波束在 19°。同时，当端口 1～端口 5 被交替激励时，LHCP 波束和 RHCP 波束展示出 ±20° 的多波束扫描范围。对于 2D 辐射方向图，将折叠反射阵天线旋转 −20°、−10°、0°、10° 和 20° 以获得辐射波束指向切平面下 2D 辐射方向图。我们还可以观察到，折叠反射阵天线的 LHCP 波束和 RHCP 波束指向 −19° 和 19°。2D 辐射方向图的仿真结果有能力为双圆极化多波束的测量提供参考。

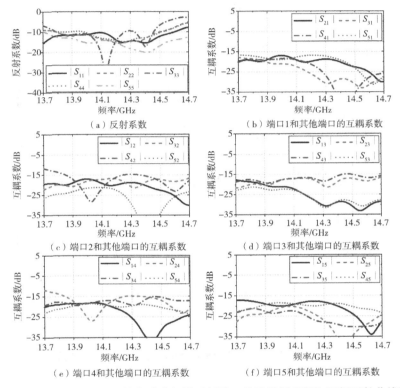

（a）反射系数

（b）端口1和其他端口的互耦系数

（c）端口2和其他端口的互耦系数

（d）端口3和其他端口的互耦系数

（e）端口4和其他端口的互耦系数

（f）端口5和其他端口的互耦系数

图 3.4.8　低剖面双圆极化多波束折叠反射阵天线的反射系数和互耦系数曲线图

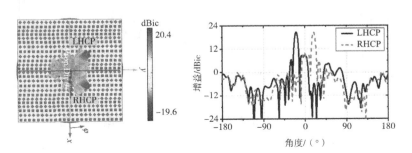

图 3.4.9　端口 1 被激励时在 15 GHz 下的辐射方向图

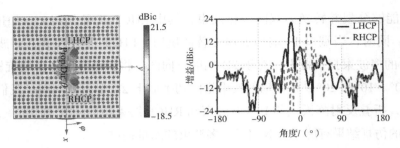

图 3.4.10　端口 2 被激励时在 15 GHz 下的辐射方向图

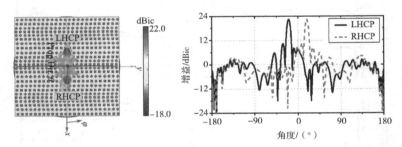

图 3.4.11　端口 3 被激励时在 15 GHz 下的辐射方向图

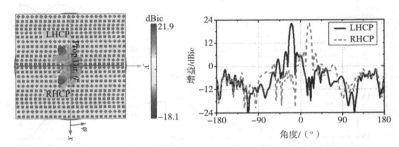

图 3.4.12　端口 4 被激励时在 15 GHz 下的辐射方向图

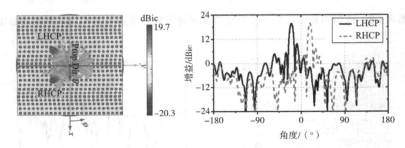

图 3.4.13　端口 5 被激励时在 15 GHz 下的辐射方向图

图 3.4.14~图 3.4.16 展示了该折叠反射阵天线双圆极化多波束辐射的带宽性

能。可以看出，LHCP 波束和 RHCP 波束在所有端口激励下的 −3 dB 增益带宽为 13.7~14.7 GHz，其中，LHCP 波束在 14.3 GHz 时，最大增益为 22.6 dBic，最大口径效率为 17.7%；RHCP 波束在 14.3 GHz 时，最大增益则为 22.7 dBic，最大口径效率为 18.1%。此外，LHCP 波束和 RHCP 波束在所有端口激励下的 3 dB 轴比带宽也为 13.7~14.7 GHz。因此，这些结果进一步证明了所设计的折叠反射阵天线能够实现双圆极多波束辐射的性能。

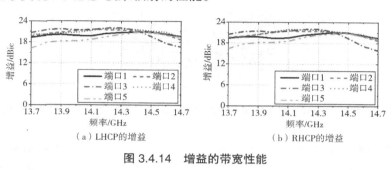

（a）LHCP的增益　　　　　　　（b）RHCP的增益

图 3.4.14　增益的带宽性能

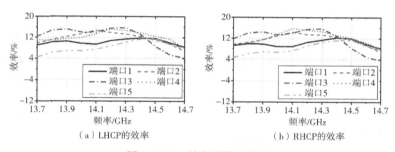

（a）LHCP的效率　　　　　　　（b）RHCP的效率

图 3.4.15　效率的带宽性能

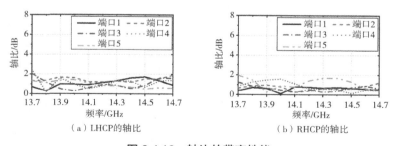

（a）LHCP的轴比　　　　　　　（b）RHCP的轴比

图 3.4.16　轴比的带宽性能

3.4.5　实验测试

我们对这个折叠反射阵天线进行了加工，并在微波暗室中测试了它的辐射性能，图 3.4.17 是该折叠反射阵天线的测试场地和加工模型。

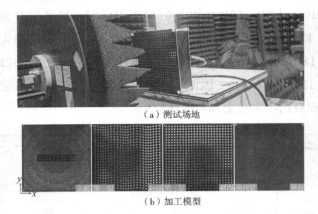

（a）测试场地

（b）加工模型

图 3.4.17　低剖面双圆极化多波束折叠反射阵天线的测试场地和加工模型

图 3.4.18 展示了该折叠反射阵天线测试的反射系数和互耦系数。通过图 3.4.18（a）可以看出，在 13.7~14.7 GHz 下，所有端口的反射系数都可以保持在 −10 dB 以下。与此同时，图 3.4.18（b）展示了每个馈电端口和其他馈电端口之间测试的互耦系数，其中所有端口的互耦系数在 13.7~14.7 GHz 下都可以保持小于 −15 dB。这些结果表明，该折叠反射阵天线具有良好的端口匹配和低的互耦系数。

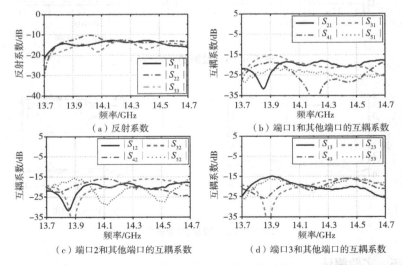

（a）反射系数　　　　　　　　　　（b）端口1和其他端口的互耦系数

（c）端口2和其他端口的互耦系数　　（d）端口3和其他端口的互耦系数

图 3.4.18　低剖面双圆极化多波束折叠反射阵天线测试的反射系数和互耦系数

图 3.4.19 展示了折叠反射阵天线的辐射方向图以及轴比的测试结果与仿真结果的对比，其中折叠反射阵天线被旋转 –20°、–10°、0° 以测试 2D 辐射方向图。对于端口 1，折叠反射阵天线能够产生 LHCP 波束和 RHCP 波束，在 14.2 GHz 下 LHCP 的最大增益为在 –18° 时的 19.8 dBic，RHCP 的最大增益为在 19° 时的 19.9 dBic；LHCP 和 RHCP 的相应轴比分别为 0.71 dB 和 0.67 dB。对于端口 2，在 14.2 GHz 下 LHCP 的最大增益为在 –19° 时的 21.5 dBic，RHCP 的最大增益为在 20° 时的 20.6 dBic；LHCP 和 RHCP 的相应轴比分别为 0.88 dB 和 0.78 dB。对于端口 3，在 14.2 GHz 下 LHCP 的最大增益为在 –19° 时的 21.9 dBic，RHCP 的最大增益为在 19° 时的 21.7 dBic，LHCP 和 RHCP 的相应轴比分别为 1.00 dB 和 1.74 dB。

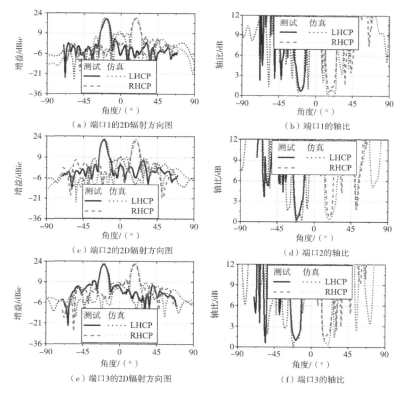

图 3.4.19　低剖面双圆极化多波束折叠反射阵天线辐射性能测试结果和仿真结果的对比

图 3.4.20~ 图 3.4.22 展示了折叠反射阵天线带宽性能的测试结果与仿真结果的对比。可以看出，端口 1~3 处的 –3 dB 增益带宽为 13.7~14.7 GHz、13.7~14.7 GHz

和 13.7 ~14.6 GHz，其中 LHCP 和 RHCP 的最大增益在 14.2 GHz 处分别达到
21.9 dBic 和 21.7 dBic。LHCP 和 RHCP 的最大口径效率分别为 15.2% 和 14.6%。
此外，LHCP 和 RHCP 在端口 1~3 处的 3 dB 轴向比带宽为 13.7~14.7 GHz。

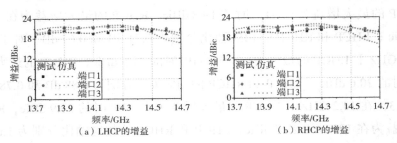

图 3.4.20　增益带宽的测试结果和仿真结果对比

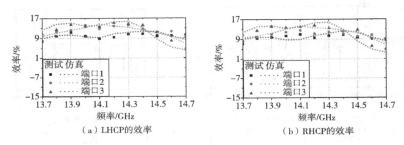

图 3.4.21　效率带宽的测试结果和仿真结果对比

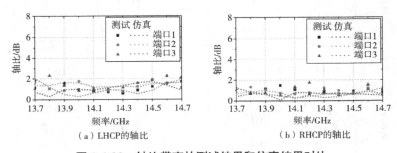

图 3.4.22　轴比带宽的测试结果和仿真结果对比

因此，尽管与仿真结果相比，由于加工误差和材料损耗，测试结果表明该折
叠反射阵天线的辐射角度有轻微偏差和增益微小降低。但是，该低剖面折叠反射
阵天线所产生的双圆极多波束辐射的性能仍是令人满意的。

参考文献

[1] Lindgren T, Soutodeh O, Kildal P S. Study of cluster of hard horns feeding an offset multi-beam reflector antenna for dual band operation at 20/30 GHz[C]//IEEE Antennas and Propagation Society Symposium, 2004, 3: 3015–3018.

[2] Galindo V. Design of dual-reflector antennas with arbitrary phase and amplitude distributions[J]. IEEE Transactions on Antennas and Propagation, 1964, 12(4): 403–408.

[3] Makino S, Kobayashi Y, Urasaki S, et al. Beam scanning characteristics of front fed offset cassegrain–type multibeam antenna[J]. Electronics and Communications in Japan (Part I: Communications), 1987, 70(12): 95–104.

[4] Pilz D, Menzel W. Folded reflectarray antenna[J]. Electronics Letters, 1998, 34(9): 832–833.

[5] Bildik S, Dieter S, Fritzsch C, et al. Reconfigurable folded reflectarray antenna based upon liquid crystal technology[J]. IEEE Transactions on Antennas and Propagation, 2014, 63(1): 122–132.

[6] Shen Y, Yang J, Kong S, et al. Integrated coding metasurface for multi-functional millimeter-wave manipulations[J]. Optics Letters, 2019, 44(11): 2855–2858.

[7] Guo W L, Wang G M, Chen K, et al. Broadband polarization-conversion metasurface for a Cassegrain antenna with high polarization purity[J]. Physical Review Applied, 2019, 12(1): 014009.

[8] Yang P, Yang R, Zhu J. Wave manipulation with metasurface lens in the cassegrain system[J]. Journal of Physics D: Applied Physics, 2019, 52(35): 355101.

[9] Wu P C, Tsai W Y, Chen W T, et al. Versatile polarization generation with an aluminum plasmonic metasurface[J]. Nano Letters, 2017, 17(1): 445–452.

[10] Mueller J P B, Rubin N A, Devlin R C, et al. Metasurface polarization optics: independent phase control of arbitrary orthogonal states of polarization[J]. Physical Review Letters, 2017, 118(11): 113901.

[11] Luo W, Sun S, Xu H X, et al. Transmissive ultrathin Pancharatnam-Berry metasurfaces with nearly 100% efficiency[J]. Physical Review Applied, 2017, 7(4): 044033.

[12] Cai T, Wang G M, Xu H X, et al. Bifunctional Pancharatnam-Berry Metasurface with High-Efficiency Helicity-Dependent Transmissions and Reflections[J]. Annalen der Physik, 2018, 530(1): 1700321.

[13] Zhang A, Yang R. Manipulating polarizations and reflecting angles of electromagnetic fields simultaneously from conformal meta-mirrors[J]. Applied Physics Letters, 2018,

113(9): 091603.

[14] Xu H X, Hu G, Li Y, et al. Interference-assisted kaleidoscopic meta-plexer for arbitrary spin-wavefront manipulation[J]. Light: Science & Applications, 2019, 8(1): 3.

[15] Lee G Y, Yoon G, Lee S Y, et al. Complete amplitude and phase control of light using broadband holographic metasurfaces[J]. Nanoscale, 2018, 10(9): 4237–4245.

[16] Qin F F, Liu Z Z, Zhang Z, et al. Broadband full-color multichannel hologram with geometric metasurface[J]. Optics Express, 2018, 26(9): 11577–11586.

[17] Guo W L, Wang G M, Hou H S, et al. Multi-functional coding metasurface for dual-band independent electromagnetic wave control[J]. Optics Express, 2019, 27(14): 19196–19211.

[18] Yuan Y, Zhang K, Ding X, et al. Complementary transmissive ultra-thin meta-deflectors for broadband polarization-independent refractions in the microwave region[J]. Photonics Research, 2019, 7(1): 80–88.

[19] Karimipour M, Komjani N, Aryanian I. Holographic-inspired multiple circularly polarized vortex-beam generation with flexible topological charges and beam directions[J]. Physical Review Applied, 2019, 11(5): 054027.

[20] Yang W, Meng Q, Che W, et al. Low-profile wideband dual-circularly polarized metasurface antenna array with large beamwidth[J]. IEEE Antennas and Wireless Propagation Letters, 2018, 17(9): 1613–1616.

[21] Zhou C, Wang B, Wong H. A compact dual-mode circularly polarized antenna with frequency reconfiguration[J]. IEEE Antennas and Wireless Propagation Letters, 2021, 20(6): 1098–1102.

[22] Narbudowicz A, Bao X, Ammann M J. Dual circularly-polarized patch antenna using even and odd feed-line modes[J]. IEEE Transactions on Antennas and Propagation, 2013, 61(9): 4828–4831.

[23] Saini R K, Dwari S. A broadband dual circularly polarized square slot antenna[J]. IEEE Transactions on Antennas and Propagation, 2015, 64(1): 290–294.

[24] Xu R, Liu J, Wei K, et al. Dual-band circularly polarized antenna with two pairs of crossed-dipoles for RFID reader[J]. IEEE Transactions on Antennas and Propagation, 2021, 69(12): 8194–8203.

[25] Ma X, Huang C, Pan W, et al. A dual circularly polarized horn antenna in Ku-band based on chiral metamaterial[J]. IEEE Transactions on Antennas and Propagation, 2014, 62(4): 2307–2311.

[26] Pilz D, Menzel W. Folded reflectarray antenna[J]. Electronics Letters, 1998, 34(9):832–833.

[27] Guo W L, Wang G M, Chen K, et al. Broadband polarization-conversion metasurface for a Cassegrain antenna with high polarization purity[J]. Physical Review Applied, 2019, 12(1): 014009.

[28] Cao Y, Che W, Yang W, et al. Novel wideband polarization rotating metasurface element and its application for wideband folded reflectarray[J]. IEEE Transactions on Antennas and Propagation, 2019, 68(3): 2118–2127.

[29] Ren J, Menzel W. Dual-frequency folded reflectarray antenna[J]. IEEE Antennas and Wireless Propagation Letters, 2013, 12: 1216–1219.

[30] Chen G T, Jiao Y C, Zhao G, et al. Design of wideband high-efficiency circularly polarized folded reflectarray antenna[J]. IEEE Transactions on Antennas and Propagation, 2021, 69(10): 6988–6993.

[31] Zhang C, Wang Y, Zhu F, et al. A planar integrated folded reflectarray antenna with circular polarization[J]. IEEE Transactions on Antennas and Propagation, 2016, 65(1): 385–390.

[32] Yu Z Y, Zhang Y H, He S Y, et al. A wide-angle coverage and low scan loss beam steering circularly polarized folded reflectarray antenna for millimeter-wave applications[J]. IEEE Transactions on Antennas and Propagation, 2021, 70(4): 2656–2667.

[33] Hu Y, Hong W, Jiang Z H. A multibeam folded reflectarray antenna with wide coverage and integrated primary sources for millimeter-wave massive MIMO applications[J]. IEEE Transactions on Antennas and Propagation, 2018, 66(12): 6875–6882.

[34] Aziz A, Yang F, Xu S, et al. A high-gain dual-band and dual-polarized transmitarray using novel loop elements[J]. IEEE Antennas and Wireless Propagation Letters, 2019, 18(6): 1213–1217.

[35] Aziz A, Yang F, Xu S, et al. An efficient dual-band orthogonally polarized transmitarray design using three-dipole elements[J]. IEEE Antennas and Wireless Propagation Letters, 2018, 17(2): 319–322.

[36] Aziz A, Zhang X, Yang F, et al. A dual-band orthogonally polarized contour beam transmitarray design[J]. IEEE Transactions on Antennas and Propagation, 2021, 69(8): 4538–4545.

[37] Wu R Y, Li Y B, Wu W, et al. High-gain dual-band transmitarray[J]. IEEE Transactions on Antennas and Propagation, 2017, 65(7): 3481–3488.

[38] Hasani H, Silva J S, Capdevila S, et al. Dual-band circularly polarized transmitarray antenna for satellite communications at (20, 30) GHz[J]. IEEE Transactions on

Antennas and Propagation, 2019, 67(8): 5325–5333.

[39] Pham K T, Sauleau R, Fourn E, et al. Dual-band transmitarrays with dual-linear polarization at Ka-band[J]. IEEE Transactions on Antennas and Propagation, 2017, 65(12): 7009–7018.

[40] Naseri P, Matos S A, Costa J R, et al. Dual-band dual-linear-to-circular polarization converter in transmission mode application to K/Ka-band satellite communications[J]. IEEE Transactions on Antennas and Propagation, 2018, 66(12): 7128–7137.

[41] Cai Y M, Li K, Li W, et al. Dual-band circularly polarized transmitarray with single linearly polarized feed[J]. IEEE Transactions on Antennas and Propagation, 2020, 68(6): 5015–5020.

[42] Basavarajappa V, Pellon A, Montesinos-Ortego I, et al. Millimeter-wave multi-beam waveguide lens antenna[J]. IEEE Transactions on Antennas and Propagation, 2019, 67(8): 5646–5651.

[43] Fan Y, Wang J, Li Y, et al. Low-RCS multi-beam metasurface-inspired antenna based on Pancharatnam–Berry phase[J]. IEEE Transactions on Antennas and Propagation, 2019, 68(3): 1899–1906.

[44] Cao Y, Yan S, Li J, et al. A pillbox based dual circularly-polarized millimeter-wave multi-beam antenna for future vehicular radar applications[J]. IEEE Transactions on Vehicular Technology, 2022, 71(7): 7095–7103.

[45] Tran H H, Park I. Wideband circularly polarized 2×2 antenna array with multibeam steerable capability[J]. IEEE Antennas and Wireless Propagation Letters, 2016, 16: 345–348.

[46] Zhang L, Liu S, Li L, et al. Spin-controlled multiple pencil beams and vortex beams with different polarizations generated by Pancharatnam–Berry coding metasurfaces[J]. ACS Applied Materials & Interfaces, 2017, 9(41): 36447–36455.

[47] Jiang Z H, Zhang Y, Hong W. Anisotropic impedance surface-enabled low-profile broadband dual-circularly polarized multibeam reflectarrays for Ka-band applications[J]. IEEE Transactions on Antennas and Propagation, 2020, 68(8): 6441–6446.

[48] Hu J, Wong H, Ge L. A Circularly-Polarized Multi-Beam Magneto-Electric Dipole Transmitarray With Linearly-Polarized Feeds for Millimeter-Wave Applications[J]. IEEE Transactions on Antennas and Propagation, 2022, 70(7): 6012–6017.

[49] Jiang Z H, Zhang Y, Xu J, et al. Integrated broadband circularly polarized multibeam antennas using berry-phase transmit-arrays for Ka-band applications[J]. IEEE Transactions on Antennas and Propagation, 2019, 68(2): 859–872.

[50] Xu H X, Cai T, Zhuang Y Q, et al. Dual-mode transmissive metasurface and its applications in multibeam transmitarray[J]. IEEE Transactions on Antennas and Propagation, 2017, 65(4): 1797–1806.

[51] Lei H, Liu Y, Jia Y, et al. A Single Feed Multi-Beam Folded Reflectarray Antenna Based on Metasurface[C]//2020 9th Asia-Pacific Conference on Antennas and Propagation (APCAP). IEEE, 2020: 1–2.

[52] Menzel W, Kessler D. A folded reflectarray antenna for 2D scanning[C]//2009 *German Microwave Conference*, 2009, 1–4.

[53] Menzel W, Pilz D, Leberer R. A 77-GHz FM/CW radar front-end with a low-profile low-loss printed antenna[J]. IEEE Transactions on Microwave Theory and Techniques, 1999, 47(12): 2237–2241.

[54] Dieter S, Feil P, Menzel W. Folded reflectarray antenna using a modified polarization grid for beam-steering[C]//Proceedings of the 5th European Conference on Antennas and Propagation. IEEE, 2011: 1400–1403.

[55] Hu Y, Hong W, Jiang Z H. A multibeam folded reflectarray antenna with wide coverage and integrated primary sources for millimeter-wave massive MIMO applications[J]. IEEE Transactions on Antennas and Propagation, 2018, 66(12): 6875–6882.

[56] Yu Z Y, Zhang Y H, He S Y, et al. A wide-angle coverage and low scan loss beam steering circularly polarized folded reflectarray antenna for millimeter-wave applications[J]. IEEE Transactions on Antennas and Propagation, 2021, 70(4): 2656–2667.

[57] Li G, Ge Y, Chen Z. Circularly polarized folded transmitarray antenna for multi-beam applications[C]//2020 9th Asia-Pacific Conference on Antennas and Propagation (APCAP). IEEE, 2020: 1–2.

[58] Li G, Ge Y, Chen Z. A compact multibeam folded transmitarray antenna at Ku-band[J]. IEEE Antennas and Wireless Propagation Letters, 2021, 20(5): 808–812.

[59] Li T J, Wang G M, Liang J G, et al. A method for transmitarray antenna profile reduction based on ray tracing principle[J]. IEEE Antennas and Wireless Propagation Letters, 2022, 21(12): 2542–2546.

[60] Li T J, Wang G M, Li H P, et al. Circularly polarized double-folded transmitarray antenna based on receiver-transmitter metasurface[J]. IEEE Transactions on Antennas and Propagation, 2022, 70(11): 11161–11166.

[61] Zhang P P, Zhu X C, Hu Y, et al. A wideband circularly polarized folded reflectarray antenna with linearly polarized feed[J]. IEEE Antennas and Wireless Propagation

Letters, 2022, 21(5): 913–917.

[62] Yang J, Chen S T, Chen M, et al. Folded transmitarray antenna with circular polarization based on metasurface[J]. IEEE Transactions on Antennas and Propagation, 2020, 69(2): 806–814.

[63] Lei H, Liu Y, Jia Y, et al. A low-profile dual-band dual-circularly polarized folded transmitarray antenna with independent beam control[J]. IEEE Transactions on Antennas and Propagation, 2021, 70(5): 3852–3857.

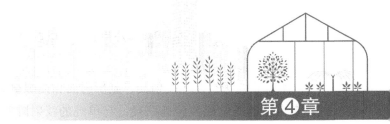

新型超表面透射阵天线

本章将从理论分析、结构设计、仿真分析和实验测试四方面入手，分析三种新型超表面透射阵天线的设计。首先，提出了一种新型一维卡塞格伦透射阵天线，通过将主反射面替换为主透射面，使照射主透射面至电磁波直接透射出去，解决了来自副反射面的遮挡问题。其次，提出了一种新型宽带双波束双圆极化透射阵天线，通过在喇叭天线前面加载宽带化的线圆极化分波超表面，实现了宽带双波束双圆极化辐射。最后，提出了一种新型低剖面圆极化涡旋波束折叠透射阵天线，设计了一种线极化转换超表面作为副面和一种线圆极化转换超表面作为主面，实现了圆极化涡旋波束辐射并降低了天线的剖面高度至焦距的四分之一。

4.1 透射阵天线的工作机理

透射阵天线同样是一种由馈源和平面阵组成的天线，通过调节透射面上每个单元的透射相位，使得由馈源发出的电磁波经过平面阵透射后形成高增益波束，其相位补偿原理与 3.1 节所述的反射阵天线一致，其工作原理如图 4.1.1 所示，在此不再赘述。

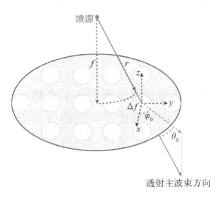

图 4.1.1　透射阵天线的工作原理图

4.2 新型一维卡塞格伦透射阵天线

卡塞格伦天线由主反射面、副反射面和馈源组成，通过引入一个副反射面折叠来自馈源的电磁波传播路径，与单纯的反射阵和透射阵天线相比，卡塞格伦天线具有更紧凑的结构，目前已被广泛应用于各种产生高定向性辐射波束的应用中。然而，由卡塞格伦天线导致的副反射面对辐射口径的遮挡效应也会影响卡塞格伦天线的整体辐射性能。

超表面是一种能够灵活调控电磁波传播方向的人工电磁表面。超表面的梯度排列可以形成不同的相位梯度，以产生高度定向的辐射波束或者实现波束辐射、波束分裂，同时还可以根据特殊的应用需求来构建多功能型超表面器件。到目前为止，超表面也已经被广泛应用于平面型卡塞格伦天线的设计，其中平面形式的超表面被证明可以完美地模拟传统的抛物形主反射面和双曲形副反射面的组合，这样的超表面卡塞格伦天线仍然具有传统卡塞格伦天线的紧凑型结构的优点，同时使得卡塞格伦天线的抛物反射面和双曲反射面均替换为平面结构，更易于加工且成本较低。但是，副反射面的遮挡效应仍然存在，并且不可避免地导致副瓣的上升，特别是当副、主反射面口径比变大时。为了消除副反射面遮挡，最有效的策略是重置主反射面和副反射面的布局，使来自主反射面的电磁场不经过副反射面直接辐射出去，如侧馈偏置卡塞格伦反射阵天线。在第 3 章 3.2 节中已经设计了一款低剖面极化扭转的卡塞格伦反射阵天线来解决这一遮挡问题。

此外，如果我们可以用主透射面代替主反射面，并让副反射面反射的电磁场直接穿过主透射面，那么整个卡塞格伦天线在产生高增益辐射的同时仍然具有紧凑的特点。同时，这样的主透射面与副反射面的组合也不会产生副反射面的遮挡效应问题。与传统的卡塞格伦天线相比，基于超表面的卡塞格伦透射阵天线在对发射区域的电磁场进行校准时，馈源的尺寸比副反射面多，因此能够获得更低的旁瓣。

基于这些考虑，这里将透射型超表面引入卡塞格伦天线的设计中，在主透射面与副反射面相结合时，用于产生高度定向的辐射波束。该设计还可以证明，当主透射面具有合适的相位分布时，卡塞格伦透射阵天线在实现不同指向的单波束辐射和双波束辐射方面也具有优势。最后，该卡塞格伦透射阵天线被仿真、加工和测试，用于验证该天线的辐射性能。

4.2.1　卡塞格伦透射阵天线的射线追迹原理

不同于传统的卡塞格伦反射阵天线，本节将设计一款卡塞格伦透射阵天线。通过将卡塞格伦天线的主反射面替换为主透射面，与副反射面和馈源相结合，实现高定向性辐射。该天线的工作原理为：由馈源辐射的电磁波照射至副反射面发生波前发散，反射回主反射面并通过波前校准形成高增益波束后辐射出去。此时，电磁波的辐射路径不再经过副反射面，从而避免了副反射面对辐射口径的遮挡效应。

图 4.2.1 展示了卡塞格伦透射阵天线的结构示意图和射线追迹原理。本节设计了一维卡塞格伦透射阵天线，即仅对副反射面和主透射面的一个维度进行相位梯度补偿，另一个维度的相位恒定不变，并通过一个 WR62 标准波导作为馈源，同时将副反射面、主反射面和馈源安装在平行平板波导中间，形成一维卡塞格伦透射阵天线。在该天线中，F_1 和 F_2 分别为副反射面和主透射面的实焦点，且馈源的相位中心被设置在副面的实焦点 F_1 处，同时副反射面的虚焦点和主透射面的实焦点 F_2 重合。通过对副反射面和主透射面施加不同的相位补偿，使副反射面实现波前发散的功能，主透射面实现球面波到平面波的转换功能以及用于模拟传统卡塞格伦天线的抛物型和双曲面功能，在此基础上通过馈源辐射出去的电磁波将首先被副反射面反射和发散后，经过主透射面透射出去，形成高增益辐射波束。下面以主透射面的中心位置为坐标原点来建立直角坐标系，副反射面和主透射面沿 z 轴平行仿真，因此副反射面 Φ_S 和主透射面 Φ_P 在 x 轴方向下相应的相位补偿可以通过下式进行计算：

$$\Phi_S = k(l_{F_1A} - l_{F_2A}) + \Phi_0 \qquad (4-1)$$

$$\Phi_P = kl_{F_2C} + \Phi_0 \qquad (4-2)$$

其中，k 代表自由空间的波数，l_{F_1A}、l_{F_2A} 和 l_{F_2C} 为 F_1A、F_2A 和 F_2C 的物理长度，Φ_0 为任意的相位常数。为了更加具体地描述副反射面和主透射面上每个单元的相位补偿，在将单元的位置坐标代入后，副反射面 Φ_S 和主透射面 Φ_P 的具体相位补偿公式可以表示如下：

$$\Phi_S(x) = k\left[\sqrt{x^2 + f_{t1}^2} - \sqrt{x^2 + (f_{t2} - d)^2}\right] + \Phi_0 \qquad (4-3)$$

$$\Phi_P(x) = k(\sqrt{x^2 + f_{t2}^2}) + \Phi_0 \qquad (4-4)$$

其中，d 为副反射面和主透射面之间的距离，f_{t1} 为副反射面的焦距（即 F_1

至副反射面之间的距离），f_{t2} 为主透射面的焦距（即 F_2 至主透射面之间的距离）。
对于本节所提出的卡塞格伦透射阵天线，副反射面的口径面积为 $100 \times 9.6 \text{ mm}^2$，
主透射面的口径面积为 $300 \times 9.6 \text{ mm}^2$，焦距 f_{t1} 为 79 mm，焦距 f_{t2} 为 184.5 mm。
根据式（4-3）和式（4-4）则可以计算副反射面和主透射面的相位补偿，其相位变
化如图 4.2.1 所示，可以看出，主面和副面的相位补偿均为中心对称的形式，均需
要 360° 的相位补偿。在下一节将研究反射型和透射型超表面的设计，为实现 360°
的相位补偿奠定基础，其中副反射面和主透射面的最大入射角度分别为 30° 和 40°。

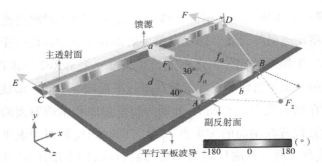

图 4.2.1　卡塞格伦透射阵天线的结构示意和射线追迹原理

4.2.2　反射型与透射型超表面

1. 反射型超表面的设计

为了具体实现所提出的卡塞格伦透射阵天线，根据上节计算出的副反射面和
主透射面的相位分布，下面开始设计能够满足上述相位补偿的反射型超表面和透
射型超表面。

图 4.2.2 展示了反射型超表面的结构示意，其由顶层环形 - 方形组合型金属
贴片、中间层介质基板以及底层的金属贴片地板组成，该反射型超表面采用相对
介电常数为 4.4 且损耗角正切为 0.0015 的介质基板，其优化后的单元尺寸如表
4.2.1 所示。在设计时，选择反射型超表面单元的结构尺寸为长方形结构，如此
设计的目的在于使得副反射面沿 x 轴方向能够排列更多的超表面单元，在进行相
位补偿时单元的密集程度越高，相位补偿则越准确，这样所设计的副反射面将获
得更加准确的相位补偿。该反射型超表面单元在无限周期性边界条件下被仿真，
并通过调整单元尺寸 b_1，基于全波仿真来获得反射幅度、反射相位和单元尺寸 b_1
之间的变化关系。同时，考虑到副反射面被加载在平面平板波导中，无论电磁波
的入射角度发生何种变化，其电场方向是恒定不变的，因此在仿真时仿真的模式

114

应选择为 TE 极化模式且电场仿真必须平行于反射型超表面单元的长边。另外，考虑到超表面单元通常对入射角度的变化非常敏感，入射角度的变化会导致反射幅度和反射相位的色散问题，因此在仿真时还需考虑入射角度变化对反射幅度和反射相位的影响。

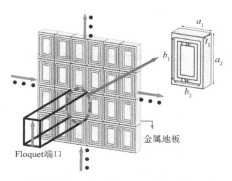

图 4.2.2　反射型超表面的结构示意图

表 4.2.1　反射型超表面的单元尺寸

单位：mm

a_1	a_2	w	b_2	t_1
3	4.8	0.2	2.9	0.5

下面对反射型超表面单元在不同入射角度和不同尺寸下的反射性能进行仿真分析，如图 4.2.3~ 图 4.2.6 所示。通过图 4.2.3~ 图 4.2.5 可以看出，随着单元尺寸 b_1 从 1 mm 变化至 4.7 mm 且入射角度从 0° 变化至 30°，其反射幅度几乎保持不变，一直趋近于 0 dB，实现了全反射；与此同时，反射相位发生了明显的波动，尤其是在中心频率为 15 GHz 时，反射相位的波动达到了 360°，而且随着入射角度的变化，反射相位产生了一些微小的波动，因此所设计的反射型超表面单元的这个相位变化足够满足副反射面所需要的相位补偿。

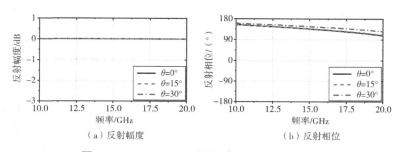

（a）反射幅度　　　　　　　　　（b）反射相位

图 4.2.3　$b_1 = 1$ mm 时的反射幅度和反射相位

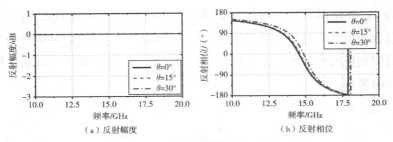

（a）反射幅度　　　　　　　　　　　（b）反射相位

图 4.2.4　$b_1 = 2.8$ mm 时的反射幅度和反射相位

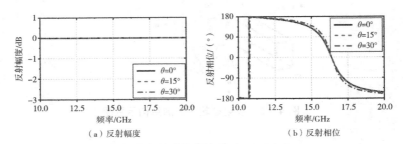

（a）反射幅度　　　　　　　　　　　（b）反射相位

图 4.2.5　$b_1 = 4.7$ mm 时的反射幅度和反射相位

图 4.2.6 展示了中心频率为 15 GHz 时反射型超表面的反射相位与单元尺寸和入射角度之间的变化关系，由于二者的变化对反射幅度基本不存在较大影响，因此这里不展示反射幅度的变化结果。可以看出，当入射角度从 0°变化至 30°且单元尺寸 b_1 从 1 mm 变化至 4.7 mm 时，反射型超表面单元的反射相位发生了 360°的相位变化。同

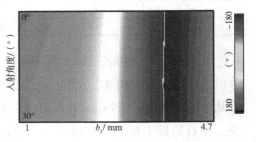

图 4.2.6　中心频率为 15 GHz 时反射型超表面的反射相位与单元尺寸和入射角度之间的变化关系

时，随着入射角度的变化也可以看出反射相位发生了一些偏移，出现了微小色散，这说明入射角度的变化对反射型超表面单元的反射性能影响不大。

2. 透射型超表面的设计

本节中的透射型超表面采用了一种非谐振型的单元结构，该结构的设计原理与传统的电容、电感型带通滤波器类似，该透射型超表面单元的结构如下：容性金属贴片—介质基板—感性金属贴片—介质基板—容性金属贴片—介质基板—感性金属贴片……其中每组容性金属贴片—介质基板—感性金属贴片为一阶。当超

表面单元的层数增加时，即代表其阶数随之增加，单元的透射幅度和透射相位也会发生变化。

图 4.2.7 展示了透射型超表面的结构示意图，该透射型超表面同样采用相对介电常数为 4.4 且损耗角正切为 0.0015 的介质基板，其优化后的单元尺寸如表 4.2.2 所示。在设计时，选择长方形结构的透射型超表面，以使所设计的主透射面获得更加准确的相位补偿。该主透射面超表面单元在无限周期性边界条件下被仿真，并通过调整单元尺寸 w_1，基于全波仿真来获得透射幅度、透射相位和单元尺寸 w_1 之间的变化关系。与反射型超表面类似，在仿真时仿真的模式应选择为 TE 极化模式且电场仿真必须平行于透射型超表面单元的长边。另外，考虑到透射型超表面单元为多层结构，对入射角度的变化比反射型超表面单元更为敏感，因此入射角度的变化对透射幅度和透射相位的影响应该重点考虑。

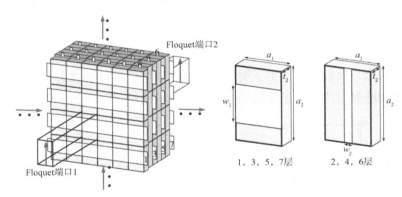

图 4.2.7　透射型超表面的结构示意图

表 4.2.2　透射型超表面的单元尺寸

单位：mm

a_1	a_2	w_2	t_2
3	4.8	0.2	0.5

图 4.2.8 分析了透射型超表面单元的阶数变化对透射幅度和透射相位的影响。可以看出，当透射型超表面的阶数为 2、3、4 阶时，在 2 阶和 3 阶之间透射幅度变化不大，在 4 阶时透射幅度明显加宽；而对于透射相位，2 阶的相位变化量小于 360°，3 阶和 4 阶的透射相位超过了 360°；在此基础上综合考虑透射相位和透射幅度二者之间的变化，最终选择 4 阶透射型超表面开展后续的设计。

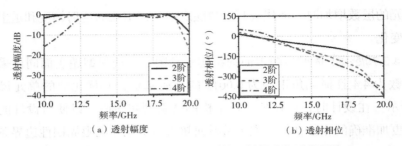

图 4.2.8 2 阶、3 阶和 4 阶时的透射幅度和透射相位

下面对透射型超表面单元在不同入射角度和不同尺寸下的反射性能进行仿真分析，如图 4.2.9~ 图 4.2.12 所示。通过图 4.2.9~ 图 4.2.11 可以看出，随着单元尺寸 w_1 从 2.1 mm 变化至 4.3 mm 且入射角度从 0°变化至 40°，入射角度其透射幅度的带宽由高频逐渐向低频偏移；同时也可以看出随着单元尺寸和入射角度的变化，在 15 GHz 处的透射幅度一直保持在较高的透射水平；透射相位则发生了明显的波动，尤其是在中心频率为 15 GHz 时，反射相位波动达 360°，而且随着入射角度的变化，反射相位产生了明显的波动，因此所设计的透射型超表面单元的透射幅度和透射相位变化足够满足主透射面所需的相位补偿。

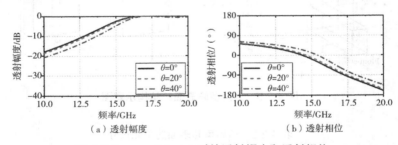

图 4.2.9 w_1 = 2.1 mm 时的透射幅度和透射相位

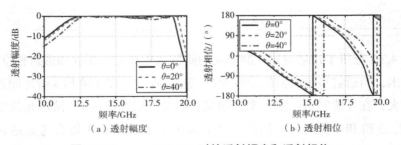

图 4.2.10 w_1 = 3.2 mm 时的透射幅度和透射相位

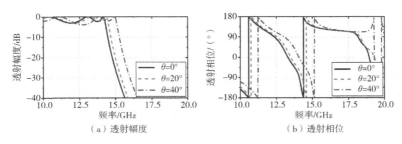

（a）透射幅度 （b）透射相位

图 4.2.11　$w_1 = 4.3$ mm 时的透射幅度和透射相位

图 4.2.12 展示了中心频率为 15 GHz 时透射型超表面的透射幅度与透射相位与单元尺寸和入射角度之间的变化关系。可以看出，当入射角度从 0° 变化至 30° 时，同时单元尺寸 w_1 从 2.1 mm 变化至 4.3 mm 时，透射幅度能够保持一个较高的透射率，在大部分区域下透射幅度超过了 90%，同时透射相位发生了 360° 的相位变化。与此同时，与反射型超表面单元相比，可以发现随着入射角度的变化透射型超表面的透射相位产生了明显的相位偏移，受入射角度的影响较大，这是由于透射型超表面单元为多层结构，其厚度是反射型超表面单元的好几倍，因此受入射角度的影响较大。在此基础上，在进行主透射面上每个单元的相位补偿时，必须考虑入射角度所带来的影响，避免在相位补偿期间产生额外的误差，从而影响卡塞格伦透射阵天线的辐射性能。

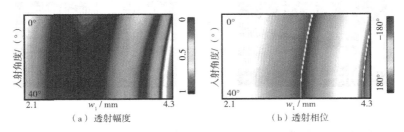

（a）透射幅度 （b）透射相位

图 4.2.12　15 GHz 时的透射型超表面的透射幅度和透射相位与
单元尺寸和入射角度之间的变化关系

至此，完成了反射型超表面单元和透射型超表面单元的设计，且反射相位和透射幅度的变化能够满足卡塞格伦透射阵天线的副反射面和主透射面所需的相位补偿，同时透射幅度的变化也满足主透射面的高效透射性能。

4.2.3 一维卡塞格伦透射阵天线

1. 主波束辐射的分析

上节中已得到副反射面和主透射面上每个单元的相位补偿和单元尺寸、入射角度之间的变化关系，接下来，本节将对所设计的一维卡塞格伦透射阵天线的辐射性能进行仿真分析。与此同时，也给出了相同口径下传统的卡塞格伦天线的辐射性能作为对比。

图 4.2.13 展示了卡塞格伦透射阵天线和传统的卡塞格伦天线在 15 GHz 时电场分布图和远场辐射方向图的对比。通过电场分布图可以看出，这两个卡塞格伦天线都实现了将馈源辐射的球面波转换为高定向性的平面波。同时本节所设计的卡塞格伦透射阵天线，电磁波通过主透射面之间传输，不存在副面的遮挡问题；而传统的卡塞格伦天线，电磁波通过主反射面反射后进行传输，存在副面的遮挡效应。由于所设计的两个卡塞格伦天线均为一维相位补偿，仅在 x 轴方向实现波束校准，因此最后辐射的波束呈扇形。通过远场方向图可以看出，这两个天线均实现了扇形辐射波束，在 15 GHz 时两个天线的增益均为 15 dBi，与传统的卡塞格伦天线相比，在相同口径下本节所设计的卡塞格伦透射阵天线拥有更低的副瓣，这是由于将主反射面替换为主透射面后规避了副面的遮挡问题。

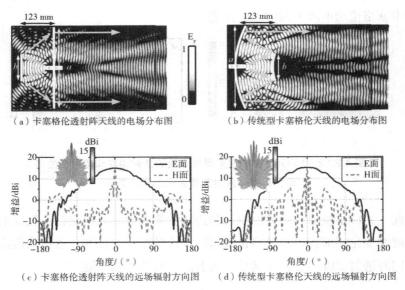

（a）卡塞格伦透射阵天线的电场分布图　　（b）传统型卡塞格伦天线的电场分布图

（c）卡塞格伦透射阵天线的远场辐射方向图　（d）传统型卡塞格伦天线的远场辐射方向图

图 4.2.13　15 GHz 处电场分布图和远场辐射方向图的对比

为了进一步分析副反射面的遮挡效应所带来的影响,下面改变主透射面和主反射面的大小,使得主透射面和主反射面与副反射面之间的口径比值发生变化,分析口径比值变化对辐射增益和副瓣电平的影响,其结果如图 4.2.14 所示。副瓣电平的定义如下:$SLL = 10\lg(G_1/G_M) = 10\lg G_1 - 10\lg G_M$,即副瓣最大值 G_1 小于主波束最大值 G_M 的分贝数。可以看出,随着主透射面的口径 a 从 300 mm 变化至 200 mm,本节所设计的卡塞格伦透射阵天线的增益和副瓣电平的波动分别为 1.8 dB 和 2.1 dB;而对于传统的卡塞格伦天线,随着主反射面的口径 a 从 300 mm 变化至 200 mm,其增益出现了明显的下降且副瓣电平出现了明显的抬升,变化分别为 5.1 dB 和 3.2 dB。因此,可以得出结论,在焦距恒定的情况下,当主面和副面之比较小时,卡塞格伦天线将具有更加紧凑的结构,但此时较大的副面将会带来遮挡问题而影响整个天线的辐射性能。将主反射面替换为主透射面后,电磁波直接从主透射面透射出去,较好地解决了副反射面的遮挡问题,同时使卡塞格伦天线拥有更加紧凑的结构。

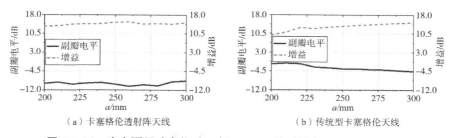

（a）卡塞格伦透射阵天线　　　　　　　　（b）传统型卡塞格伦天线

图 4.2.14　当主面尺寸变化时,在 15 GHz 处副瓣电平和增益的对比

在前面的设计中,副反射面的口径边长为 100 mm,远场辐射方向图在 ±130° 处产生了较为明显的后瓣,这是由于副反射面还是不够大,因此电磁波发生了边缘绕射效应。为了避免这一问题,可以选择口径边长更大的副瓣来消除此类电磁波的泄漏,因此本节所设计的卡塞格伦透射阵天线已经规避了副面的遮挡问题。如图 4.2.15 所示,可以看出,当副面的口径从 100 mm 增加至 180 mm 时,±130° 处的后瓣被明显地抑制,同时天线的辐射增益提高了 2.0 dB 且幅瓣电平降低了 3.6 dB。但是如果我们增大传统型卡塞格伦天线的副面,可以看出其辐射性能出现了明显下降,且辐射波束的主瓣和副瓣大小基本相同,辐射性能极大地下降。

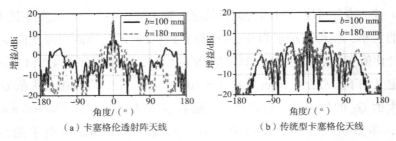

（a）卡塞格伦透射阵天线　　　　　　（b）传统型卡塞格伦天线

图 4.2.15　当副面尺寸变化时，在 15 GHz 处辐射方向图的对比

2. 单波束和双波束扫描分析

下面来分析卡塞格伦透射阵天线实现单波束扫描的能力，通过对主透射面的相位补偿进行重新设计，实现单波束扫描的功能，如图 4.2.16 所示。为了实现单波束扫描，将相位周期设为 $u = \lambda/4\sin\theta$ 且相位梯度为 0°、90°、180°、270° 的相位叠加至主透射面原始的相位补偿上，其中 u 为超表面单元的梯度周期，θ 为天线的辐射角度，λ 为天线在自由空间的工作波长。图 4.2.16（a）给出了辐射角度 θ 为 15°、30°、45° 时主透射面的相位补偿，通过在主透射面原始的相位梯度上叠加不同的相位补偿，最终实现 15°、30°、45° 辐射所需的相位分布。通过图 4.2.16（b）可以看出，本书所设计的卡塞格伦透射阵天线实现了 15°、30°、45° 方向的辐射，且辐射增益分别为 13.9 dBi、13.3 dBi、11.5 dBi。

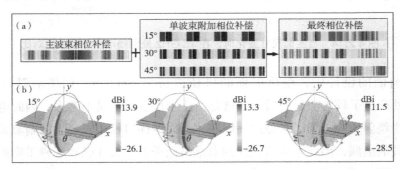

图 4.2.16　卡塞格伦透射阵天线的单波束相位补偿和辐射方向图

接下来分析卡塞格伦透射阵天线实现双波束扫描的能力，通过对主透射面的相位补偿进行重新设计，实现双波束扫描的功能，如图 4.2.17 所示。为了实现单波束扫描，将相位周期设为 $u = \lambda/2\sin\theta$ 且相位梯度为 0°、180° 的相位叠加至主透射面原始的相位补偿上。图 4.2.17（a）给出了辐射角度 θ 为 ±15°、±30°、±45° 时主透射面的相位补偿，通过在主透射面原始的相位梯度上叠加不同的相

位补偿，最终实现 ±15°、±30°、±45°辐射所需的相位分布。通过图 4.2.17（b）可以看出，本节所设计的卡塞格伦透射阵天线实现了 ±15°、±30°、±45°方向的辐射，且辐射增益分别为 10.4 dBi、10.6 dBi、8.3 dBi。

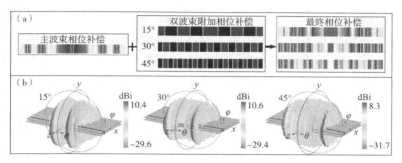

图 4.2.17　卡塞格伦透射阵天线的双波束相位补偿和辐射方向图

通过上述结果可以看出，当在主透射面上施加合适的相位补偿后，所设计的卡塞格伦透射阵天线可以实现辐射波束的自由调控。

4.2.4　实验验证

下面通过实验测试来验证该卡塞格伦透射阵天线的辐射性能，其测试场地和加工模型如图 4.2.18 所示。这里分别加工了 0°主波束、30°单波束以及 ±30°双波束的主透射面，用于测试该卡塞格伦透射阵天线实现高增益辐射和波束覆形的能力，副反射面和主透射面以及WR62 的标准波导馈源均被安装在平行的平板波导中间。

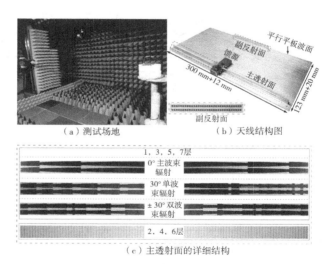

图 4.2.18　测试场地与天线加工模型

图 4.2.19 展示了该卡塞格伦透射阵天线的测试结果与仿真结果的对比效果。可以看出，相较于仿真的反射系数，测试得到的反射系数发生了一些频率偏移，其反射系数低于 –10 dB 的工作带宽为 15.3~16.0 GHz，仿真结果产生了 0.7 GHz

的频率偏移。实验测试和仿真之间出现的这种频率偏差问题归因于介质基板厚度和相对介电常数的制造误差，在仿真中所设计的副反射面和主透射面每层介质基板的厚度均为 0.5 mm，而实际加工的成品厚度仅为 0.46 mm，由于主透射面本身为多层结构，因此这个误差更大，而且相对介电常数也可能偏小，从而导致了所设计的卡塞格伦透射阵天线产生了较大的频率偏移。另外，测试增益出现了一些下降，这主要归因于实际测试过程中的损耗；同时，0°主波束在 15.6 GHz 处测得的峰值增益为 14.1 dBi；30°单波束在 15.5 GHz 处测得的峰值增益为 12.3 dBi；±30°双波束在 15.8 GHz 时测得的增益为 10.2 dBi。同时，也给出了这三个峰值增益下卡塞格伦透射阵天线的辐射方向图，可以看出其分别实现了所要求的主波束辐射、单波束辐射和双波束辐射特性。通过上述测试可以看出，虽然实测结果产生了一些偏移，但是其仍然能够实现该卡塞格伦透射阵天线要求的功能。

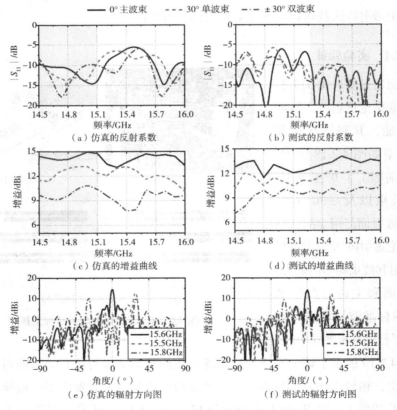

图 4.2.19　仿真结果与测试结果对比图

4.3 新型宽带双波束双圆极化透射阵天线

与线极化天线相比，圆极化天线具有最小的极化失配分量和抑制环境干扰等优点，在无线卫星通信系统的发展中发挥了重要作用。与此同时，相比于单圆极化天线，双圆极化天线能够提高通信容量、减少信道间的干扰，同时实现接收和发射等优点；例如，微带贴片结构、介质谐振器、谐振腔天线已使用实现双圆极化天线。

考虑到超表面能够自由调控电磁波的波前和极化状态，因此通过调节超表面的 Pancharatnam-Berry 相位，可以将线极化波转换为双圆极化波，以及自由调节两个圆极化波束的辐射方向。例如，通过采用多层结构、腔超表面和部分反射超表面夹层已经实现了透射型超表面的双圆极化双波束辐射。然而，考虑到多层结构的厚度以及腔超表面和部分反射超表面的窄带情况，希望提出一种厚度薄、宽频带的超表面结构来实现双圆极化双波束辐射。

基于这些考虑，提出了一种线圆极化分波超表面并采用喇叭天线作为馈源，设计了一款新型宽带双波束双圆极化透射阵天线来产生双圆极化双波束辐射。同时，进一步拓展了线圆极化分波超表面的工作带宽，通过相邻频段之间的组合叠加，设计了一款宽带型线圆极化分波超表面，使新型宽带双波束双圆极化透射阵天线的工作带宽增加了将近一半。

4.3.1 线圆极化分波超表面

图 4.3.1 展示了线圆极化分波超表面的结构示意图和透射原理。线圆极化分波超表面单元由顶层的方形金属贴片、中间层带有小孔的金属地板贴片和底层的方形金属贴片组成；每层贴片通过介质基板进行隔离，且顶层和底层的贴片穿过金属地板上小孔的金属探针相连接，该单元的最优尺寸如表 4.3.1 所示，同时采用相对介电常数为 3.5 且损耗角正切为 0.001 的介质基板。基于上述结构，当 y 极化波入射底层的贴片单元时，金属探针会将 y 极化波耦合到顶层，以实现近乎完美的透射。同时，透射波的极化方向遵循顶层贴片的旋转角 α，以实现线极化旋转器的功能。图 4.3.1（b）展示了透射波的透射系数 T 应定义为 x 方向的透射分量 $T_{x,y}$ 和 y 方向上的透射分量 $T_{y,y}$ 之和，其关系式如下：

$$T = \hat{x}T_{x,y} + \hat{y}T_{y,y} = \hat{x}T\sin\alpha + \hat{y}T\cos\alpha \tag{4-5}$$

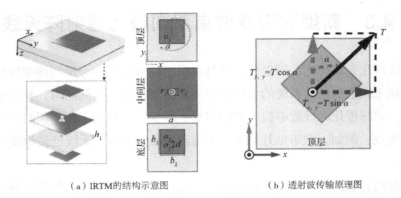

（a）IRTM的结构示意图　　　　　　　（b）透射波传输原理图

图 4.3.1　线圆极化分波超表面的结构示意图和透射原理

表 4.3.1　线圆极化分波超表面的单元尺寸

单位：mm

h_1	a	r_1	r_2	b_1	b_2	d
1	10	0.5	1	5	5	1.2

考虑到透射系数 $T = |T|e^{j\varphi}$，因此得到 $T_{y,y}$ 和 $T_{x,y}$ 的表达式如下：

$$T_{y,y} \approx |T||\cos\delta|e^{j\varphi_{y,y}} \tag{4-6}$$

$$T_{x,y} \approx |T||\sin\delta|e^{j\varphi_{x,y}} \tag{4-7}$$

因此，当传输系数 $T_{y,y}$ 和 $T_{x,y}$ 满足公式（4-6）和公式（4-7）时，线圆极化分波超表面单元具有旋转传输波极化方向的能力。为了验证上述理论，我们对线圆极化分波超表面单元进行了全波仿真。通过图 4.3.2 可以看出，当 α 从 0° 变化到 90° 时，$|T_{y,y}|$ 保持下降趋势，而 $|T_{x,y}|$ 逐渐增加，这与我们的理论计算一致。同时，相应的相位 $\arg(T_{y,y})$ 和 $\arg(T_{x,y})$ 几乎保持不变。此外，线圆极化分波超表面在不同旋转角度 α 下的 –3 dB 带宽保持在 13.6~16.2 GHz 的范围内，如图 4.3.3 所示。

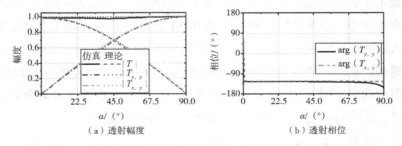

（a）透射幅度　　　　　　　　（b）透射相位

图 4.3.2　y 极化波入射和不同旋转角度 α 下的透射幅度和透射相位

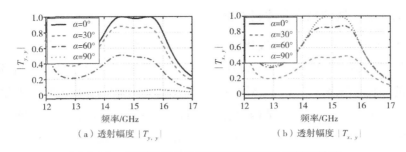

（a）透射幅度 $|T_{y,y}|$　　　　　　　（b）透射幅度 $|T_{x,y}|$

图 4.3.3　线圆极化分波超表面透射幅度的带宽性能

为了实现双圆极化透射波，考虑到线极化波可以表示为两个正交圆极化波的叠加，因此透射系数 T 表示如下

$$T = \hat{L}T_L + \hat{R}T_R = (\hat{x}+j\hat{y})T_L/2 + (\hat{x}-j\hat{y})T_R/2 \tag{4-8}$$

其中 $\hat{L}$ 和 T_L 表示 LHCP 波的单位矢量和透射系数，$\hat{R}$ 和 T_R 表示 RHCP 波的单位矢量和透射系数。联合公式（4-5）～公式（4-8），可以得到

$$T_L = \frac{1}{\sqrt{2}}|T|e^{j(\phi+\alpha)} \tag{4-9}$$

$$T_R = \frac{1}{\sqrt{2}}|T|e^{j(\phi-\alpha)} \tag{4-10}$$

因此，LHCP 波和 RHCP 波的透射幅度为 $\frac{1}{\sqrt{2}}|T|$，其相应的相位为 $\phi_L = \phi+\alpha$ 和 $\phi_R = \phi-\alpha$。图 4.3.4 展示了线圆极化分波超表面在 y 极化波入射下的线 - 圆极化转换透射性能，可以看出，当旋转角度 α 从 $0°$ 改变为 $360°$ 时，两个圆极化波的透射幅度大约为 $1/\sqrt{2}$。同时，也可以看出相应的相位 ϕ_L 和 ϕ_R 呈相反的变化趋势，其结果与理论计算一致。

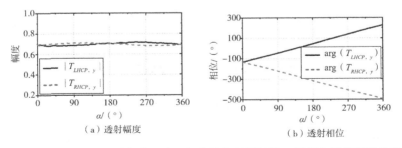

（a）透射幅度　　　　　　　（b）透射相位

图 4.3.4　线圆极化分波超表面在 y 极化波入射下的线 - 圆极化转换透射性能

127

4.3.2 宽带线圆极化分波超表面

图 4.3.5 展示了宽带线圆极化分波超表面的实现原理和结构示意图。众所周知，当具有相邻工作频带的两个贴片单元的工作频段相互叠加时，线圆极化分波超表面的工作带宽增加。根据该原理，图 4.3.5（b）显示了宽带线圆极化分波超表面顶层和底层的金属贴片结构信息，并且其整体结构与图 4.3.1 所展示的线圆极化分波超表面结构相似。图 4.3.6（a）给出了低频（low-frequency, LF）线圆极化分波超表面和高频（high-frequency, HF）线圆极化分波超表面的透射系数。图 4.3.6（b）是两个线圆极化分波超表面叠加后形成的宽带线圆极化分波超表面的透射系数 $|T_{y,y}|$，可以发现叠加后所形成的原始的透射系数 $|T_{y,y}|$ 在高频处因受低频和高频贴片耦合的影响而出现下降，当我们进行参数优化后则可以获得较好的透射，该优化后的单元尺寸如表 4.3.2 所示。

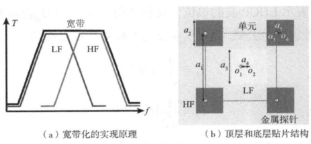

（a）宽带化的实现原理　　　（b）顶层和底层贴片结构

图 4.3.5　宽带线圆极化分波超表面的实现原理和结构示意图

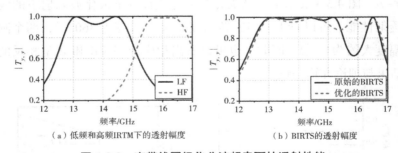

（a）低频和高频IRTM下的透射幅度　　　（b）BIRTS的透射幅度

图 4.3.6　宽带线圆极化分波超表面的透射性能

表 4.3.2　宽带线圆极化分波超表面的单元尺寸

单位：mm

a_1	a_2	a_3	a_4	a_5
11	4.2	5.4	1.4	0.6

图 4.3.7 展示了宽带线圆极化分波超表面单元传输系数的仿真结果，可以看出，当 α 从 0° 变化到 90° 时，$|T_{y,y}|$ 保持下降趋势，而 $|T_{x,y}|$ 逐渐增加，这与线圆极化分波超表面单元的变化趋势一致，符合线圆极化分波超表面的设计需求。此外，宽带线圆极化分波超表面在不同旋转角度 α 下的 –3 dB 带宽保持在 12.2~16.5 GHz 的范围内。对比线圆极化分波超表面单元，工作带宽明显增加。

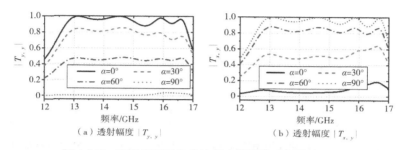

（a）透射幅度 $|T_{y,y}|$　　　　　（b）透射幅度 $|T_{x,y}|$

图 4.3.7　宽带线圆极化分波超表面传输系数仿真结果

4.3.3　宽带双波束双圆极化透射阵天线

下面我们开始基于超表面完成宽带双波束双圆极化透射阵天线的设计。首先，为了实现双圆极化，线圆极化分波超表面和宽带线圆极化分波超表面顶层方形贴片的旋转角度排列补偿根据下式获得

$$n_t \sin\theta_t - n_i \sin\theta_i = \frac{1}{k_0}\frac{\mathrm{d}\phi}{\mathrm{d}x} \qquad （4\text{-}11）$$

θ_t 表示辐射角度，θ_i 表示入射角且等于 0°，n_t 和 n_i 表示折射率，其中 $n_t = n_i$，k_0 表示波数等于 $2\pi/\lambda_0$。因此，公式（4-11）又可以表示为 $\sin\theta_t = \frac{1}{k_0}\frac{\mathrm{d}\phi}{\mathrm{d}x}$。根据广义斯涅尔定律，我们发现线圆极化分波超表面应满足以下条件，才可以将线极化入射波分裂并转换为 LHCP 波束和 RHCP 波束：LHCP 和 RHCP 的幅度相等，且 LHCP 和 RHCP 的相位梯度变化是相反的。因此，当一个线极化波垂直于线圆极化分波超表面入射时，LHCP 波将辐射到法线左侧，RHCP 波将辐射到法线右侧。因此，如果我们选择 LHCP 波束和 RHCP 波束的辐射角度 $\theta_t = \pm20°$，通过计算可以得到副面第一层方形金属贴片的旋转角度 α 的变化梯度为 60°。如图 4.3.8 所示，基于线圆极化分波超表面的宽带双波束双圆极化透射阵天线的结构示意图，在设计中所选择的喇叭天线的工作带宽为 11.9~18.0 GHz，喇叭的孔径尺寸为 72×93 mm²。

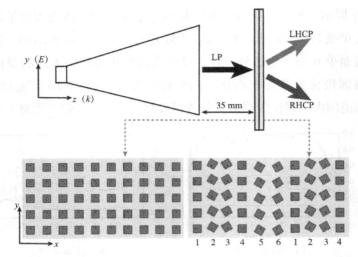

图 4.3.8　宽带双波束双圆极化透射阵天线的结构示意图和线圆极化分波超表面的梯度排列

图 4.3.9 给出了喇叭天线馈源的辐射性能。可以看出，在 15 GHz 时喇叭天线的最大增益为 20.2 dBi；当工作频率从 12 GHz 变化到 17 GHz 时，增益波动小于 3 dB。

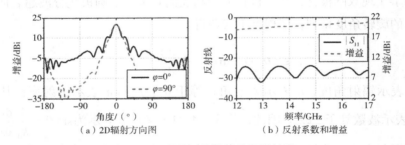

（a）2D辐射方向图　　　　　　　（b）反射系数和增益

图 4.3.9　喇叭天线馈源的辐射性能

图 4.3.10 展示了基于线圆极化分波超表面的宽带双波束双圆极化透射阵天线的辐射性能。线圆极化分波超表面能将来自馈电的线极化波转换为 LHCP 波束和 RHCP 波束，其中 LHCP 波束与 RHCP 波束指向 $\theta_t = -20°$ 和 $\theta_t = 20°$，LHCP 波束与 RHCP 波束的增益均为 17.5 dBic，且 LHCP 波束与 RHCP 波束的轴比分别为 1.18 dB 和 1.17 dB。此外，−3 dB 增益带宽为 13.4~16.0 GHz（相对带宽为 17.7%），3 dB 的轴比带宽为 13.0~16.0 GHz（相对带宽为 20.4%）。与喇叭天线本身的增益相比，LHCP 波束和 RHCP 波束的增益降低了约 3 dB，这是因为馈电的辐射波束被分成两个圆极化波束。

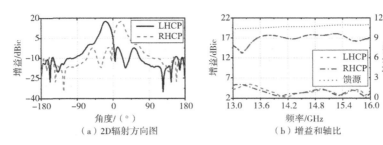

（a）2D辐射方向图　　　　　　　（b）增益和轴比

图 4.3.10　基于线圆极化分波超表面的宽带双波束双圆极化透射阵天线的辐射性能

图 4.3.11 展示了基于宽带线圆极化分波超表面的宽带双波束双圆极化透射阵天线的结构示意图和宽带线圆极化分波超表面的梯度排列。由于宽带线圆极化分波超表面的单元尺寸为 1 mm，因此如果同样选择变化梯度为 60° 的旋转角度 α，则 LHCP 波束和 RHCP 波束的辐射角度应为 $\theta_t = \pm 18°$。

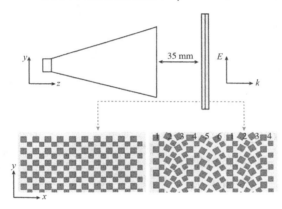

图 4.3.11　宽带双波束双圆极化透射阵天线的结构示意图和
宽带线圆极化分波超表面的梯度排列

图 4.3.12 展示了基于宽带线圆极化分波超表面的宽带双波束双圆极化透射阵天线的辐射性能。宽带线圆极化分波超表面同样能够将来自馈电的线极化波转换为 LHCP 波束和 RHCP 波束，其中 LHCP 波束与 RHCP 波束指向 $\theta_t = -18°$ 和 $\theta_t = 18°$，LHCP 波束与 RHCP 波束的增益分别为 16.6 dBic 和 16.1 dBic，且 LHCP 波束与 RHCP 波束的轴比分别为 0.84 dB 和 0.4 dB。此外，–3 dB 增益带宽为 12.5~16.6 GHz（相对带宽为 28.3%），3 dB 的轴比带宽为 12.4~17.0 GHz（相对带宽为 31.3%）。可以看出，基于宽带线圆极化分波超表面的宽带双波束双圆极化透射阵天线的带宽明显变宽。

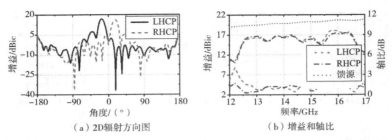

（a）2D辐射方向图　　　　　（b）增益和轴比

图 4.3.12　基于宽带线圆极化分波超表面的宽带双波束双圆极化透射阵天线的辐射性能

4.3.4　实验测试

我们加工了宽带双波束双圆极化透射阵天线并在微波暗室中测试了它的辐射性能，图 4.3.13 是该宽带双波束双圆极化透射阵天线的测试场地和加工模型。

图 4.3.14 展示了基于线圆极化分波超表面的宽带双波束双圆极化透射阵天线的测试结果和仿真结果的对比。可以看出，LHCP 波束在 −20°时的峰值增益为 17.2 dBic，而 RHCP 波束在 18°时具有 16.9 dBic 的峰值增益。在 13.6~15.9 GHz（相对带宽为 15.1%）频率范围内反射系数可以保持在 −10 dB 以下。同时，−3 dB 增益带宽为 13.5~

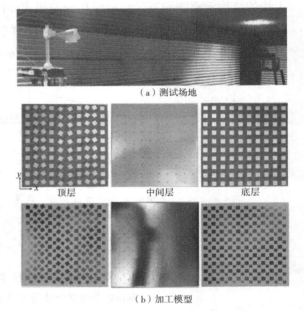

（a）测试场地

顶层　　　中间层　　　底层

（b）加工模型

图 4.3.13　宽带双波束双圆极化透射阵天线的测试场地和加工模型

16.0 GHz（相对带宽为 16.9%）。此外，3 dB 轴比带宽为 13.9~16.0 GHz（相对带宽为 14.0%）。

图 4.3.15 展示了宽带线圆极化分波超表面双圆极化透射阵天线的测试结果和仿真结果的对比。可以看出，LHCP 波束在 −17°处的峰值增益为 15.0 dBic，而 RHCP 波束在 16°处具有 14.9 dBic 的峰值增益。在 12.3~16.5 GHz（相对带宽为 29.2%）频率范围内反射系数可以保持在 −10 dB 以下。同时，−3 dB 增益带宽为

12.2~16.5 GHz（相对带宽为 29.9%），3 dB 轴比带宽为 12.0~17.0 GHz（相对带宽为 34.4%）。

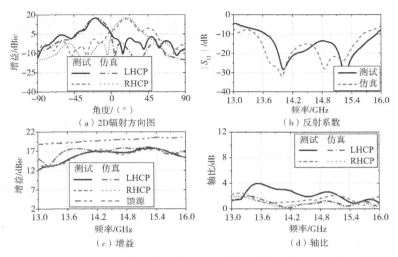

（a）2D辐射方向图

（b）反射系数

（c）增益

（d）轴比

图 4.3.14　基于线圆极化分波超表面的宽带双波束双圆极化透射阵天线的
测试结果与仿真结果的对比

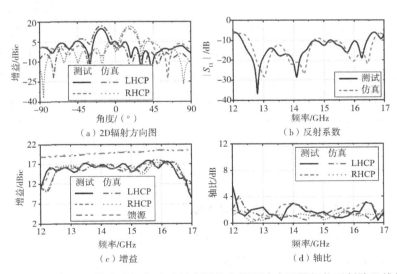

（a）2D辐射方向图

（b）反射系数

（c）增益

（d）轴比

图 4.3.15　基于宽带线圆极化分波超表面的宽带双波束双圆极化透射阵天线的
测试结果与仿真结果的对比

通过观察以上测试结果可以看出与仿真结果略有偏差，这是由加工误差、材料损耗和实验中的测量误差造成的。然而，基于线圆极化分波超表面和宽带线圆极化分波超表面的宽带双波束双圆极化透射阵天线的双圆极化双波束辐射性能仍然令人满意。

4.4 新型低剖面圆极化涡旋波折叠透射阵天线

涡旋波天线具有提高频谱效率和信道容量的能力，因此在无线通信系统的发展中受到越来越多的关注。超表面已经应用于产生不同形式的涡旋波束，例如，同时产生具有整数阶和分数阶模式的涡旋波束，同时产生不同极化状态的涡旋波束。这些设计在提高电磁波的频谱效率方面具有很强的复用能力，是现代无线通信系统的设计中非常重要的一部分。

通常情况下，圆极化涡旋波束的产生可以通过调控超表面的物理尺寸和Pancharatnam-Berry相位来实现，其中线圆极化转换超表面已被用于实现涡旋波天线。例如，通过调整超表面在两个正交极化下的单元尺寸产生90°的相位差，同时引入实现涡旋波的相位梯度，则可以实现圆极化涡旋波天线。同时，通过旋转超表面上每个单元的方向来调整 Pancharatnam-Berry 相位，也可以实现圆极化涡旋波束辐射。在现有研究中，极化调控和涡旋波调控均是通过同时调控超表面的相位来实现的，这样的操作会不可避免地带来二者之间的相互影响。因此希望提出一种超表面实现极化和涡旋波的单独调控，从而提高圆极化涡旋波束的辐射性能。

基于这些考虑，本节提出了一种新型低剖面圆极化涡旋波折叠透射阵天线，用于实现圆极化涡旋波束辐射，同时降低天线的空间馈电距离。该折叠透射阵天线由线圆极化转换超表面作为主面、线极化转换超表面作为副面以及喇叭天线作为馈源组成。当在副面上施加合适的相位分布来补偿主面和副面的路径差时，可以缩进主面和副面之间的距离，实现低剖面设计。

4.4.1 折叠透射阵天线的射线追迹原理

根据新型低剖面圆极化涡旋波折叠透射阵天线的设计需求，提出了一种将线极化转换超表面作为副面，能够转换 y 极化波进入 x 极化波，并提供合适的相位补偿实现折叠透射阵天线的低剖面设计；还提出了一种将线圆极化转换超表面作为主面，能够实现 x 极化波的透射并转换 x 极化波进入左旋圆极化涡旋波束辐射，同时实现 y 极化波的反射；通过使用上述两种极化调控超表面作为主面和副面的设计，能够实现高定向性的左旋圆极化涡旋波束辐射。与此同时，与传统的折叠透射阵天线相比，在副面引入了额外的相位补偿，进一步降低了折叠透射阵天线的空间馈电距离。

下面开始建立新型低剖面圆极化涡旋波折叠透射阵天线的具体模型，图4.4.1和图4.4.2展示了这个新型低剖面圆极化涡旋波折叠透射阵天线实现左旋圆极化涡旋波束辐射的整体结构图以及射线追踪原理图。其中副面采用线极化转换超表面，其结构与第3章所采用的极化转换超表面一致，包括顶层箭头形金属贴片、中间层的介质基板和底层的金属地板，所设计的这个结构能够转换y极化波进入x极化波，并提供合适的相位补偿实现折叠透射阵天线的低剖面设计，在这个设计中，这个箭头形金属贴片的旋转角度为45°和−45°，为提供足够的相位变化用于实现低剖面所需的路径补偿；与此同时，这个主面采用线圆极化转换超表面，包括顶层的圆极化贴片、中间层的金属地板以及底层的线极化贴片，其中顶层和底层的贴片通过一个金属通孔连接，这个结构可以将底层的线极化贴片接收到的x极化波通过金属通孔耦合至顶层的圆极化贴片并形成左旋圆极化透射波，同时通过旋转圆极化贴片相位梯度排列将左旋圆极化透射波转换为左旋圆极化涡旋波束，另外该线圆极化转换超表面还可以反射y极化波。

根据图4.4.2所示的射线追踪原理图，当主面的焦距为f_1时，主面的相位补偿路径为l_{O_2D}，如果将副面放置在距主面的焦距f_1的四分之一处，则根据折叠透射阵天线设计的基本原理，从馈源到主面的相位补偿路径将变为$l_{O_1D} = l_{AB} + l_{BC} + l_{CD}$，因此需要在副面上提供额外的相位补偿$\Delta l = l_{O_2D} - l_{O_1D}$使得主面的相位补偿路径仍为$l_{O_2D}$，从而实现折叠透射阵天线的低剖面设计。下面以副面的中心为坐标原点建立直角坐标系，副面Φ_{SM}和主面Φ_{PM}所需要的相位补偿分别为：

$$\Phi_{SM} = k(l_{O_2D} - l_{O_1D}) + \Phi_0 \qquad (4\text{--}12)$$

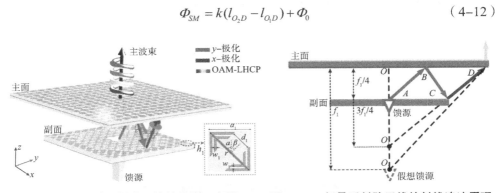

图 4.4.1　折叠透射阵天线的结构示意图　　　图 4.4.2　折叠透射阵天线的射线追踪原理

$$\Phi_{PM} = k l_{O_2 D} + \varphi + \varphi_p + \Phi_0 \qquad (4\text{-}13)$$

其中，k 代表自由空间的波数，φ 代表用于实现涡旋波束辐射的额外相位，φ_p 代表实现多波束辐射所需的额外相位，Φ_0 代表任意的相位常数。为了更加具体地描述副面和主面上每个单元的相位补偿，将单元的位置坐标代入后，副反射面 Φ_{SM} 和主透射面 Φ_{PM} 的具体相位补偿公式可以表示如下：

$$\Phi_{SM}(x, y) = k\left[\sqrt{x^2 + y^2 + f_1^2} - \sqrt{x^2 + y^2 + (3f_1/4)^2}\right] + \Phi_0 \qquad (4\text{-}14)$$

$$\Phi_{PM}(x, y) = k\left(\sqrt{x^2 + y^2 + f_1^2}\right) + \arg\left(\sum_i e^{jk(x\sin\theta_i\cos\varphi_i + y\sin\theta_i\sin\varphi_i)}\right) + \sum_i l_i \arctan(y/x) + \Phi_0 \qquad (4\text{-}15)$$

其中，f_1 为主面的焦距，l_i 为每个涡旋波束的模式数，θ_i 和 φ_i 为每个波束的辐射指向。在本章中，副面和主面的口径面积分别为 $104 \times 104 \text{ mm}^2$ 和 $156 \times 156 \text{ mm}^2$，主面和副面之间的距离为焦距 $f_1 = 136 \text{ mm}$ 的四分之一。值得注意的是，为保证副面和主面上每个单元在射线追迹中可以具有——对应的关系，因此在设计时，副面和主面的单元尺寸之比应为 $2 : 3$。根据上述数据，最终也可以计算出副面和主面的最大入射角度分别为 48° 和 40°。

4.4.2　线圆极化转换超表面

根据新型低剖面圆极化涡旋波折叠透射阵天线的设计需求，下面开始进行线圆极化转换超表面的设计，其结构如图 4.4.3 所示。该线圆极化转换超表面的具体结构包括顶层的圆极化贴片、中间层的金属地板以及底层的线极化贴片，其中顶层和底层的贴片通过一个金属通孔连接。该超表面采用相对介电常数为 3.5 且损耗角正切为 0.001 的介质基板，同时该超表面优化后的单元尺寸如表 4.4.1 所示。

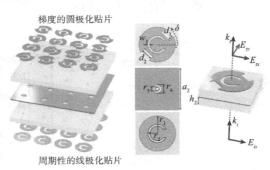

梯度的圆极化贴片

周期性的线极化贴片

图 4.4.3　线圆极化转换超表面的结构示意图

表 4.4.1　线圆极化转换超表面的单元尺寸

单位：mm

w_1	d_2	d_3	r_1	r_2	r_3	r_4	a_2	h_2
4	1.9	0.61	2.5	1.3	0.4	0.8	6	1

当一束 y 极化电磁波 E_{iy} 入射至该线圆极化转换超表面单元时，会发生全反射并产生反射场 E_{rx}。而当一束 x 极化电磁波 E_{ix} 入射至该线圆极化转换超表面单元时，会通过金属通孔耦合至顶层的圆极化贴片实现线极化到左旋圆极化的转换，产生左旋圆极化透射波 E_{tLHCP}。下面利用全波仿真软件并结合周期性边界对线圆极化转换超表面进行仿真，分析 y 极化电磁波 E_{iy} 入射时单元的反射幅度和反射相位以及 x 极化电磁波 E_{ix} 入射时单元的透射幅度、透射相位以及极化转换效率。同时，由于该超表面为线圆极化转换超表面，因此在仿真时需采用与 3.3 节中一样的设计，将 Floquet 端口 1 设置为线极化模式，将 Floquet 端口 2 设置为圆极化模式，用于分析线极化到圆极化的转换能力。

通过对线圆极化转换超表面在不同极化下的反射和透射性能进行仿真分析，其结果如图 4.4.4 所示，此时顶层圆极化金属贴片的旋转角度为 0°。首先，对于 x 极化电磁波 E_{ix} 入射的情况，当入射角度 θ 从 0° 变化至 40° 时，透射幅度 $|t_{LHCP,x}|$ 在工作频率为 14.5~16.5 GHz 的频段范围内高于 −1 dB，线圆极化转换性能良好，尤其是在中心频率 15 GHz 处，透射幅度基本上趋于 0 dB，同时在 13~17 GHz 工作频段下透射相位 $\varphi_{LHCP,x}$ 产生了较为明显的相位波动。与此同时，透射幅度 $|t_{RHCP,x}|$ 在工作频率为 14.5~15.5 GHz 的工作频段范围内幅度低于 −10 dB，尤其是在 15 GHz 附近时幅度低于 −20 dB，这再次说明了所设计的线圆极化转换超表面能够较好地将 x 极化波转换为 LHCP 波。此外，该超表面的反射幅度 $|r_{x,x}|$ 在 13.2~16.7 GHz 的频率范围内也低于 −10 dB，说明该超表面的能量损耗较小。其次，对于 y 极化电磁波 E_{ix} 入射的情况，当入射角度 θ 从 0° 变化至 40° 时，在 13~17 GHz 的频率范围内，y 极化电磁波几乎实现了全反射形成反射场 E_{rx}，同时反射相位变化较为缓慢。基于上述结果，可以得出：该线圆极化转换超表面能够透射 x 极化电磁波并将其转换为左旋圆极化电磁波，同时可以反射 y 极化电磁波，其设计符合主面设计所需的功能。

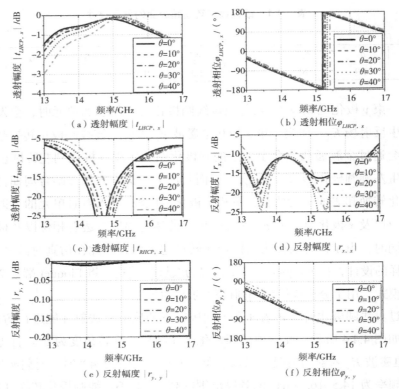

（a）透射幅度 $|t_{LHCP, x}|$　　　　　　　　　　（b）透射相位 $\varphi_{LHCP, x}$

（c）透射幅度 $|t_{RHCP, x}|$　　　　　　　　　　（d）反射幅度 $|r_{x, x}|$

（e）反射幅度 $|r_{y, y}|$　　　　　　　　　　（f）反射相位 $\varphi_{y, y}$

图 4.4.4　线圆极化转换超表面的幅度和相位随频率的变化曲线

图 4.4.5 给出了所设计的线圆极化转换超表面的极化转换效率变化曲线，极化转换效率可以通过公式（3-22）来计算，可以看出，随着入射角度从 0° 变化至 40°，在 14.5~15.5 GHz 的频段范围内极化转换效率高于 80%，同时在 15 GHz 的中心频率附近极化转换效率接近 100%。以上结果说明所设计的线圆极化转换超表面在 15 GHz 附近的极化转换性能最好，符合折叠透射阵天线的设计需求。

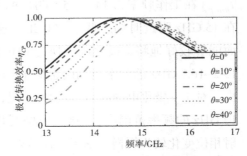

图 4.4.5　线圆极化转换超表面的极化转换效率变化曲线图

下面分析了在 15 GHz 频率下线圆极化转换超表面单元的旋转角度 δ 以及入射角度的变化对极化转换效率、透射相位、反射幅度和反射相位的影响，其结果如图 4.4.6 所示。对于 x 极化电磁波 E_{ix} 入射的情况，当线圆极化转换超表面的旋转角度 δ 从 0° 变化至 360° 时且入射角从 0° 变化至 40° 时，极化转换效率 η_{CP} 基本上高于 90%，同时透射相位 $\varphi_{LHCP,x}$ 产生了 360° 的相位变化。另一方面，对于 y 极化电磁波 E_{iy} 入射的情况，可以看出当线圆极化转换超表面的旋转角度 δ 从 0° 变化至 360° 时且入射角从 0° 变化至 40° 时，该超表面单元的反射幅度也基本上趋于 1，说明该线圆极化选择超表面单元能使 y 极化电磁波实现完美的反射特性。同时随着旋转角度和入射角的变化，这个反射相位也基本趋于稳定，仅存有微小的相位差值。

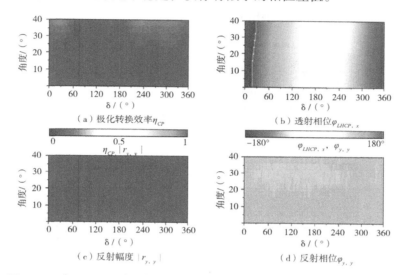

图 4.4.6　在 15 GHz 线圆极化转换超表面单元的极化转换效率、透射相位、反射幅度和反射相位随 δ 和入射角度的变化关系

从上述结果可以看出，线圆极化转换超表面能够透射并转换 x 极化电磁波到左旋圆极化透射波，实现了 360° 的相位变化，同时能够反射 y 极化电磁波并保持一个恒定的相位变化，符合折叠透射阵天线的主面设计需求。

4.4.3　线极化转换超表面

在本节中用于实现副面的线极化转换超表面单元选择与 3.2 节的极化转换超表面单元相同的结构，其相应的单元尺寸如表 4.4.2 所示，且该超表面单元采用相对介电常数为 2.2 且损耗角正切为 0.001 的介质基板。

表 4.4.2　线极化转换超表面的单元尺寸

a_1	r	h_1	w_1	β	α
4 mm	$3.5\sqrt{2}$ mm	3 mm	0.2 mm	+45°	−45°

下面分析了在 15 GHz 频率下线极化转换超表面单元尺寸参数 d_1 和入射角度的变化对极化转换效率和反射相位的影响，其结果如图 4.4.7 所示。可以看出，当极化转换超表面的单元边长 d_1 从 1 mm 变化至 4.8 mm 且入射角度从 0° 变化至48° 时，角度为 $\alpha=-45°$ 和 $\beta=45°$ 的线极化选择超表面的极化转换效率基本维持在90% 以上，极化转换性能良好。与此同时，随着单元尺寸和入射角度的变化，角度为 $\alpha=-45°$ 和 $\beta=45°$ 的线极化选择超表面的组合实现了 360° 的相位变化，将有能力满足卡塞格伦天线主面的相位补偿。

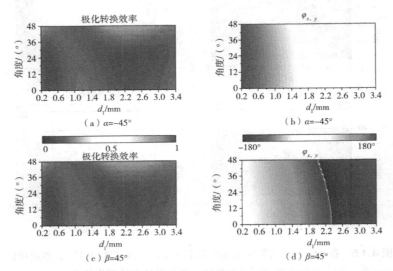

图 4.4.7　线极化转换超表面的极化转换效率和反射相位随 d_1 和入射角度的变化关系

从上述结果可以看出，线极化转换超表面能够实现 y 极化电磁波到 x 极化电磁波的转换，并且实现了 360° 的相位变化，符合折叠透射阵天线的副面设计。

4.4.4　低剖面圆极化涡旋波折叠透射阵天线

本节将开始对低剖面圆极化涡旋波折叠透射阵天线进行设计，根据图 4.4.1所展示的天线结构，根据不同的设计需求，分别计算主面和副面上每个单元所需的相位补偿，并对应前面两节所取得的线圆极化超表面和线极化转换超表面的相位变化、旋转角度与单元尺寸之间的变化关系，完成主面和副面的实际设计。与此同时，选择标准喇叭天线进行馈电，分析折叠透射阵天线的辐射性能。

1. 单波束辐射分析

这里选择低剖面圆极化涡旋波折叠透射阵天线的辐射波束指向为 $(\theta,\varphi)=$

（0°, 0°）的主波束辐射方向，同时涡旋波的模式数 $l = 1$，此时通过公式（4-14）和公式（4-15）计算可以得出主面和副面所需的相位补偿，其结果如图 4.4.8（a）和图 4.4.9（a）所示。在此基础上，根据图 4.4.6（b）和图 4.4.7（b）、图 4.4.7（d）中单元尺寸和相位之间的对应关系，可以得到主面和副面的实际结构，其结果如图 4.4.8（b）和图 4.4.9（b）所示，基于此，可以在全波仿真软件中完成主面和副面的建立，并通过标准喇叭天线作为馈源，分析折叠透射阵天线单波束辐射的性能。

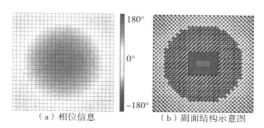

（a）相位信息　　　　　　（b）副面结构示意图

图 4.4.8　副面相位信息和结构示意图

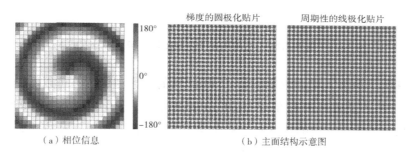

（a）相位信息　　　　　　（b）主面结构示意图

图 4.4.9　主面相位信息和结构示意图

图 4.4.10（a）和（b）展示了该折叠透射阵天线在 15 GHz 下的 3D 辐射方向图、电场的幅度和相位分布。可以看出，该折叠透射阵天线实现了左旋圆极化涡旋波束辐射，辐射波束产生了中心凹陷的辐射波束，辐射的最大增益为 19.1 dBic。为了了解涡旋波的辐射性能，通过在距离天线主面 2750 mm 的位置设置 700×700 mm^2 的观察面，将该观察面置于左旋圆极化涡旋波束的正前方，用于观察两个辐射波束电场的幅度和相位变化。可以发现，辐射波束的电场幅度在中心位置产生凹陷，在边缘位置能量较强，其符合涡旋波的基本特征；同时，电场的相位变化符合涡旋波的轮廓形状，且左旋圆极化涡旋波束处的模式为 $l = 1$，符合相关的设计。接下来给出了折叠透射阵天线的 E 面和 H 面的辐射方向图，如图 4.4.10（c）与图 4.4.10（d）所示，可以看出该天线实现了左旋圆极化涡

旋波束辐射，右旋圆极化辐射能量很小，其中 E 面的最大增益在 –5°和 6°时分别为 18.0 dBic 和 18.1 dBic，H 面的最大增益在 –6°和 6°时分别为 18.1 dBic 和 18.4 dBic。

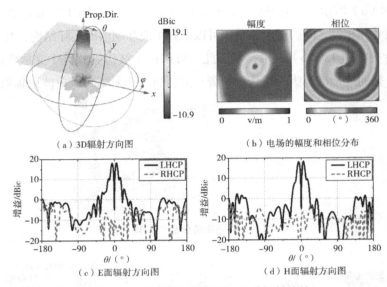

（a）3D 辐射方向图　　　　　　　　（b）电场的幅度和相位分布

（c）E 面辐射方向图　　　　　　　　（d）H 面辐射方向图

图 4.4.10　单波束在 15 GHz 处的辐射特性

图 4.4.11 展示了单波束辐射在 15 GHz 处的轴比和纯度，可以看出，E 面方向下轴比在 –5°为 0.3 dB 且在 6°为 0.4 dB，H 面方向下轴比在 –6°为 0.2 dB 且在 6°为 0.7 dB，说明涡旋波的线圆极化转换性能良好。同时，为了计算涡旋波的模式纯度，可以通过如下表达式进行计算：

$$P_L = E_L^2 / \sum_{n=1}^{N} E_n^2 \tag{4-16}$$

其中 N 表示 OAM 模式的总数，E_L 和 E_n 表示 L 和 n 阶涡旋波的电场幅度。通过计算可以得出，生成的 $l=1$ 的左旋圆极化涡旋光束在 15 GHz 时的模式纯度为 97%。

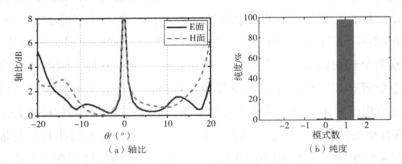

（a）轴比　　　　　　　　　　　（b）纯度

图 4.4.11　单波束在 15 GHz 处的轴比和纯度

2. 双波束辐射分析

下面开始对双波束折叠透射阵天线进行设计，辐射波束指向为 $\theta_{(i=1,2)} = 20°$ 且 $\varphi_{(i=1,2)} = (90°,270°)$，同时涡旋波的模式数 $l_{(i=1,2)} = (-1,1)$，同样通过公式（4-14）计算得出主面所需的相位补偿，其结果如图 4.4.12（a）所示，由于天线主面和副面的焦距和口径以及它们之间的距离未发生改变，因此副面结构仍与单波束时相同。在此基础上，根据图 4.4.6（b）中单元尺寸和相位之间的对应关系，则可以得到主面的实际结构，其结果如图 4.4.12（b）所示，基于此，可以在全波仿真软件中完成主面和副面的建立，并通过标准喇叭天线作为馈源，分析折叠透射阵天线双波束辐射的性能。

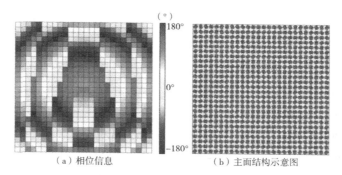

（a）相位信息　　　　　　　　（b）主面结构示意图

图 4.4.12　副面相位信息和主面结构示意图

图 4.4.13（a）和（b）展示了该折叠透射阵天线在 15 GHz 下双波束辐射的 3D 辐射方向图、电场的幅度和相位分布。可以看出，该折叠透射阵天线实现了左旋圆极化双涡旋波束辐射，两个辐射波束均产生了中心凹陷的辐射波束，辐射的最大增益为 15.8 dBic，当辐射指向为 $(\theta,\varphi) = (20°,90°)$ 时，辐射波束的增益为 15.8 dBic，当辐射指向为 $(\theta,\varphi) = (20°,180°)$ 时，辐射波束的增益为 15.3 dBic。同样的，为了了解涡旋波的辐射性能，通过在距离天线主面 2750 mm 的位置设置 700×700 mm² 的观察面，该观察面分别倾斜设置在两个左旋圆极化涡旋波束的正前方，用于观察两个辐射波束电场的幅度和相位变化。可以发现，两个辐射波束的电场幅度均在中心位置产生凹陷，在边缘位置能量较强，其符合涡旋波的基本特征；与此同时，电场的相位变化符合涡旋波的轮廓形状，且辐射指向为 $(\theta,\varphi) = (20°,90°)$ 时左旋圆极化涡旋波束的模式为 $l = -1$，辐射指向为 $(\theta,\varphi) = (20°,180°)$ 时左旋圆极化涡旋波束的模式为 $l = 1$，符合相关的设计。接下来给出了折叠透射阵天线在 $\theta = 20°$ 截面下的辐射方向图和轴比，如

图 4.4.13（c）和图 4.4.13（d）所示，可以看出左旋圆极化波产生了两个中心凹陷的辐射波束，其中最大增益在 $\varphi = 75°$，$105°$，$254°$，$286°$时分别为 15.3 dBic，14.7 dBic，13.1 dBic，14.5 dBic；并且相应的轴比在 $\varphi = 75°$，$105°$，$254°$，$286°$时分别为 1.2 dB，1.5 dB，1.5 dB，1.4 dB。可见，所设计的折叠透射阵天线实现了左旋圆极化双涡旋波束辐射。

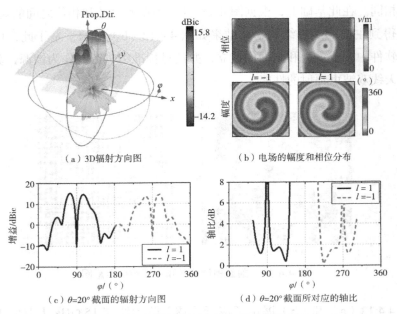

（a）3D辐射方向图　　　　　　（b）电场的幅度和相位分布

（c）θ=20°截面的辐射方向图　　　（d）θ=20°截面所对应的轴比

图 4.4.13　双波束在 15 GHz 处的辐射特性

图 4.4.14 展示了双波束在 15 GHz 处的纯度，通过公式（4-16）计算可以发现，生成的 $l = -1$ 的左旋圆极化涡旋光束在 15 GHz 时的模式纯度为 83%，生成的 $l = 1$ 的左旋圆极化涡旋光束在 15 GHz 时的模式纯度为 86%。

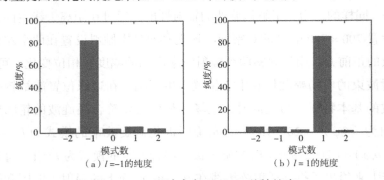

（a）l=-1的纯度　　　　　　　　（b）l=1的纯度

图 4.4.14　双波束在 15 GHz 处的纯度

3. 三波束辐射分析

下面开始对三波束折叠透射阵天线进行设计，辐射波束指向为 $\theta_{(i=1,2,3)} =$ 20°且 $\varphi_{(i=1,2,3)} = (60°, 180°, 300°)$，同时涡旋波的模式数 $l_{(i=1,2)} = (-1, -2, 1)$，同样通过公式（4-14）计算可以得出主面所需的相位补偿，其结果如图4.4.15（a）所示，此时副面的结构仍与单波束辐射相同。在此基础上，根据图4.4.6（b）中单元尺寸和相位之间的对应关系，则可以得到主面的实际结构，其结果如图4.4.15（b）所示，基于此则可以在全波仿真软件中完成主面和副面的建立，并通过标准喇叭天线作为馈源，分析折叠透射阵天线三波束辐射的性能。

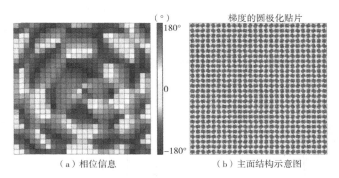

（a）相位信息　　　　　　　（b）主面结构示意图

图4.4.15　副面相位信息和主面结构示意图

图4.4.16（a）和（b）给出了该折叠透射阵天线在15 GHz下三波束辐射的3D辐射方向图、电场的幅度和相位分布。可以看出，该折叠透射阵天线实现了左旋圆极化三涡旋波束辐射，三个辐射波束均产生了中心凹陷的辐射波束，辐射的最大增益为14.9 dBic，在辐射指向为 $(\theta,\varphi) = (20°, 60°)$ 时，辐射波束的增益为14.9 dBic；在辐射指向为 $(\theta,\varphi) = (20°, 180°)$ 时，辐射波束的增益为12.3 dBic；在辐射指向为 $(\theta,\varphi) = (20°, 300°)$ 时，辐射波束的增益为13.9 dBic。同样为了了解涡旋波的辐射性能，通过在距离天线主面2750 mm 的位置设置 700×700 mm² 的观察面，该观察面分别倾斜设置在三个左旋圆极化涡旋波束的正前方，用于观察两个辐射波束电场的幅度和相位变化。可以发现，三个辐射波束的电场幅度均在中心位置产生凹陷，在边缘位置能量较强，其符合涡旋波的基本特征；与此同时，电场的相位变化符合涡旋波的轮廓形状，在辐射指向为 $(\theta,\varphi) = (20°, 60°)$ 时，左旋圆极化涡旋波束的模式为 $l = -1$；在辐射指向为 $(\theta,\varphi) = (20°, 180°)$ 时；左旋圆极化涡旋波束的模式为 $l = -2$；辐射指向为 $(\theta,\varphi) = (20°, 300°)$ 时左旋圆极化涡旋波束的模式为 $l = 1$，符合相关的设计。接下来给

出了折叠透射阵天线在 $\theta = 20°$ 截面下的辐射方向图和轴比，如图 4.4.16（c）和图 4.4.16（d）可以看出左旋圆极化波产生了三个中心凹陷的辐射波束，其中最大增益在 $\varphi = 45°$，$73°$，$156°$，$207°$，$285°$，$316°$ 时分别为 11.4 dBic，12.1 dBic，10.2 dBic，8.9 dBic，11.2 dBic，11.6 dBic；并且相应的轴比在 $\varphi = 45°$，$73°$，$156°$，$207°$，$285°$，$316°$ 时分别为 1.7 dB，2.6 dB，0.9 dB，2.8 dB，0.5 dB，0.8 dB。可见，所设计的折叠透射阵天线实现了左旋圆极化三涡旋波束辐射。

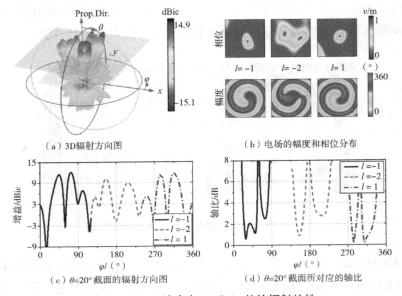

（a）3D辐射方向图　　　　　　　（b）电场的幅度和相位分布

（c）$\theta=20°$截面的辐射方向图　　　（d）$\theta=20°$截面所对应的轴比

图 4.4.16　三波束在 15 GHz 处的辐射特性

图 4.4.17 展示了三波束在 15 GHz 处的纯度，通过公式（4-16）计算可以发现，生成的 $l = -1$ 的左旋圆极化涡旋光束在 15 GHz 时的模式纯度为 77%，生成的 $l = 2$ 的左旋圆极化涡旋光束在 15 GHz 时的模式纯度为 80%，生成的 $l = 1$ 的左旋圆极化涡旋光束在 15 GHz 时的模式纯度为 77%。

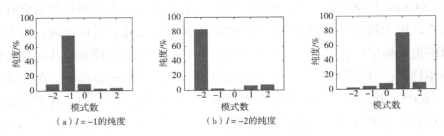

（a）$l = -1$的纯度　　　（b）$l = -2$的纯度

图 4.4.17　三波束在 15 GHz 处的纯度

图 4.4.18 展示了折叠透射阵天线的带宽特性，考虑到多波束辐射时每个波束的辐射增益均有微小波动，这里为了方便对比单波束、双波束、三波束之间的区别，故在展示时取多波束的平均增益。对于三种辐射状态，电压驻波比（VSWR）小于 2 的工作频段为 14.7~15.5 GHz，说明天线在这个频段内工作状态良好。折叠透射阵天线的 –0.5 dB 增益带宽分别为：对于单波束辐射，工作频段为 14.8~15.4 GHz（相对工作带宽为 4%）；对于双波束辐射，工作频段为 14.8~15.3 GHz（相对工作带宽为 3.3%）；对于三波束辐射，工作频段为 14.8~15.4 GHz（相对工作带宽为 4%）。与此同时，该折叠透射阵天线在三种情况下的峰值增益为：单波束在 15.1 GHz 为 19.4 dBic；双波束在 14.9 GHz 为 15.7 dBic；三波束在 14.9 GHz 为 13.9 dBic。接下来给出了纯度随工作频率的变化，其中，单波束的模式纯度在 15.0 GHz 时获得的最大值为 97%；双波束的模式纯度：$l = –1$ 在 14.8 GHz 时获得的最大值为 86%，$l = 1$ 在 15.0 GHz 时获得的最大值为 86%；三波束的模式纯度：$l = –1$ 在 14.8 GHz 时获得的最大值为 84%，$l = –2$ 在 15.0 GHz 时获得的最大值为 80%，$l = 1$ 在 15.1GHz 时获得的最大值为 84%。此外，该折叠透射阵天线在 14.5~15.5 GHz 的工作频段内三种辐射情况下的轴比均小于 3 dB。

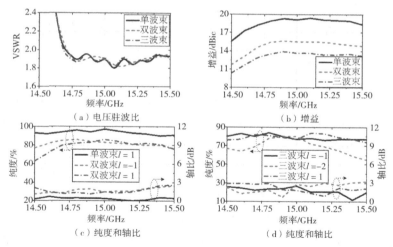

图 4.4.18　折叠透射阵天线的带宽性能

4.4.5　实验验证

最后，对新型低剖面圆极化涡旋波折叠透射阵天线进行了加工，并在微波暗室中测试了这个天线产生单波束和三波束辐射的能力，其测试场地和天线的加工图片如图 4.4.19 所示。由于该折叠透射阵天线的主面中间层具有微小的厚度，导致顶层圆极化贴片和底层线极化贴片无法正常通信，因此需要在每个金属通孔焊接上金属丝线以保证顶层圆极化贴片和底层线极化贴片的正常连通。对于单波束的测试较为简单，而对于三波束的辐射方向图，由于三个波束在不同的方向，因此在测试时需要将折叠透射阵天线选择为 $\varphi = 60°$，$180°$，$300°$，使得辐射方向图位于 $\theta = 20°$ 进行测试。与此同时，在旋转了 $\varphi = 60°$，$180°$，$300°$ 后，再次将近场扫描的测试转台旋转 $20°$，使得每个辐射波束的中心对准测试探头，同时设置扫描架到折叠透射阵天线的距离为 2750 mm 并选择 700×700 mm^2 的扫描面。基于上述设置，在微波暗室中完成了对折叠透射阵天线的测试。

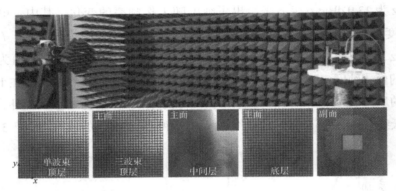

图 4.4.19　折叠透射阵天线的测试场地和加工图片

图 4.4.20 展示了该折叠透射阵天线在 15 GHz 时测试的辐射性能。对于单波束辐射，左旋圆极化涡旋波束的最大增益在 –6° 时为 17.1 dBic 且在 5° 时为 17.6 dBic，相应的轴比分别为 0.9 dB 和 1.1 dB。对于三波束辐射，左旋圆极化涡旋波束的最大增益为：对于 $l = -1$，在 13° 时为 12.3 dBic，在 26° 时为 10.2 dBic；对于 $l = -2$，在 11° 时为 8.2 dBic，在 30° 时为 9.3 dBic；对于 $l = 1$，在 14° 时为 10.6 dBic，在 26° 时为 10.7 dBic。相应的轴比为：对于 $l = -1$，在 13° 时为 2.6 dB，在 26° 时为 2.3 dB；对于 $l = -2$，在 11° 时为 2.9 dB，在 30° 时为 2.2 dB；对于 $l = 1$，在 14° 时为 1.3 dB，在 26° 时为 1.6 dB。

图 4.4.21 展示了该折叠透射阵天线在 15 GHz 时测试电场的幅度和相位。可以发现，单波束和三波束辐射的电场幅度均在涡旋波起始的中心位置产生凹陷，在边缘位置能量较强，其符合涡旋波的基本特征；与此同时，电场的相位变化符合涡旋波的轮廓形状，且每个波束的涡旋模轮廓与仿真一致，符合相关设计。

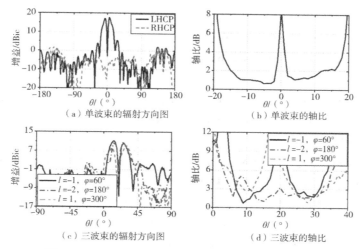

（a）单波束的辐射方向图　　　　　（b）单波束的轴比

（c）三波束的辐射方向图　　　　　（d）三波束的轴比

图 4.4.20　折叠透射阵天线在 15 GHz 时的辐射性能

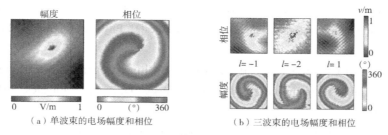

（a）单波束的电场幅度和相位　　　（b）三波束的电场幅度和相位

图 4.4.21　折叠透射阵天线在 15 GHz 时测试电场的幅度和相位

图 4.4.22 展示了单波束和三波束在 15 GHz 时的纯度。对于单波束，生成的 $l = 1$ 的左旋圆极化涡旋光束在 15 GHz 时的模式纯度为 86%；对于三波束，生成的 $l = -1$ 的左旋圆极化涡旋光束在 15 GHz 时的模式纯度为 64%，生成的 $l = -2$ 的左旋圆极化涡旋光束在 15 GHz 时的模式纯度为 50%，生成的 $l = 1$ 的左旋圆极化涡旋光束在 15 GHz 时的模式纯度为 68%。

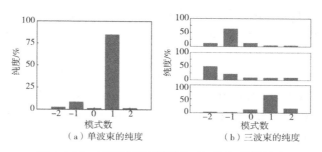

（a）单波束的纯度　　　　　（b）三波束的纯度

图 4.4.22　单波束和三波束在 15 GHz 处的纯度

参考文献

[1]   Galindo V. Design of dual-reflector antennas with arbitrary phase and amplitude distributions[J]. IEEE Transactions on Antennas and Propagation, 1964, 12(4): 403–408.

[2]   Grady N K, Heyes J E, Chowdhury D R, et al. Terahertz metamaterials for linear polarization conversion and anomalous refraction[J]. Science, 2013, 340(6138): 1304–1307.

[3]   Ni X, Wong Z J, Mrejen M, et al. An ultrathin invisibility skin cloak for visible light[J]. Science, 2015, 349(6254): 1310–1314.

[4]   Sun S, Yang K Y, Wang C M, et al. High-efficiency broadband anomalous reflection by gradient meta-surfaces[J]. Nano Letters, 2012, 12(12): 6223–6229.

[5]   Cheng J, Ansari-Oghol-Beig D, Mosallaei H. Wave manipulation with designer dielectric metasurfaces[J]. Optics Letters, 2014, 39(21): 6285–6288.

[6]   Asadchy V S, Albooyeh M, Tcvetkova S N, et al. Perfect control of reflection and refraction using spatially dispersive metasurfaces[J]. Physical Review B, 2016, 94(7): 075142.

[7]   Liu Y, Liu C, Song K, et al. A broadband high-transmission gradient phase discontinuity metasurface[J]. Journal of Physics D: Applied Physics, 2018, 51(9): 095103.

[8]   Yu N, Genevet P, Kats M A, et al. Light propagation with phase discontinuities: generalized laws of reflection and refraction[J]. Science, 2011, 334(6054): 333–337.

[9]   Germain D, Seetharamdoo D, Nawaz Burokur S, et al. Phase-compensated metasurface for a conformal microwave antenna[J]. Applied Physics Letters, 2013, 103(12): 124102.

[10]   Zhang D, Yang X, Su P, et al. Design of single-layer high-efficiency transmitting phase-gradient metasurface and high gain antenna[J]. Journal of Physics D: Applied Physics, 2017, 50(49): 495104.

[11]   Cai T, Wang G M, Xu H X, et al. Polarization-independent broadband meta-surface for bifunctional antenna[J]. Optics Express, 2016, 24(20): 22606–22615.

[12]   Wei Z, Cao Y, Su X, et al. Highly efficient beam steering with a transparent metasurface[J]. Optics Express, 2013, 21(9): 10739–10745.

[13]   Guo W, Wang G, Li T, et al. Ultra-thin anisotropic metasurface for polarized beam splitting and reflected beam steering applications[J]. Journal of Physics D: Applied Physics, 2016, 49(42): 425305.

[14]   Cheng J, Mosallaei H. Optical metasurfaces for beam scanning in space[J]. Optics

Letters, 2014, 39(9): 2719–2722.

[15] Cheng B, Liu D, Wu J, et al. Frequency scanning non-diffraction beam by metasurface[J]. Applied Physics Letters, 2017, 110(3): 031108.

[16] Ozer A, Yilmaz N, Kocer H, et al. Polarization-insensitive beam splitters using all-dielectric phase gradient metasurfaces at visible wavelengths[J]. Optics Letters, 2018, 43(18): 4350–4353.

[17] Yang P, Yang R. Two-dimensional frequency scanning from a metasurface-based Fabry-Pérot resonant cavity[J]. Journal of Physics D: Applied Physics, 2018, 51(22): 225305.

[18] Zang X F, Gong H H, Li Z, et al. Metasurface for multi-channel terahertz beam splitters and polarization rotators[J]. Applied Physics Letters, 2018, 112(17): 171111.

[19] Zhang D, Ren M, Wu W, et al. Nanoscale beam splitters based on gradient metasurfaces[J]. Optics Letters, 2018, 43(2): 267–270.

[20] Li Y, Zhang J, Qu S, et al. Achieving wideband polarization-independent anomalous reflection for linearly polarized waves with dispersionless phase gradient metasurfaces[J]. Journal of physics D: Applied Physics, 2014, 47(42): 425103.

[21] Zhang Z, Wen D, Zhang C, et al. Multifunctional light sword metasurface lens[J]. ACS Photonics, 2018, 5(5): 1794–1799.

[22] Shaker J, Pike C, Cuhaci M. A dual orthogonal Cassegrain flat reflector for Ka-band application[J]. Microwave and Optical Technology Letters, 2000, 24(1): 7–11.

[23] Chang D C, Rusch W. An offset-fed reflector antenna with an axially symmetric main reflector[J]. IEEE Transactions on Antennas and Propagation, 1984, 32(11): 1230–1236.

[24] Narbudowicz A, Bao X, Ammann M J. Dual circularly-polarized patch antenna using even and odd feed-line modes[J]. IEEE Transactions on Antennas and Propagation, 2013, 61(9): 4828–4831.

[25] Zhao Z, Ren J, Liu Y, et al. Wideband dual-feed, dual-sense circularly polarized dielectric resonator antenna[J]. IEEE Transactions on Antennas and Propagation, 2020, 68(12): 7785–7793.

[26] Ju J, Kim D, Lee W, et al. Design method of a circularly-polarized antenna using Fabry-Perot cavity structure[J]. ETRI Journal, 2011, 33(2): 163–168.

[27] Li H, Wang G M, Cai T, et al. Bifunctional circularly-polarized lenses with simultaneous geometrical and propagating phase control metasurfaces[J]. Journal of Physics D: Applied Physics, 2019, 52(46): 465105.

[28] Liu L, Zhang X, Kenney M, et al. Broadband metasurfaces with simultaneous control

of phase and amplitude[J]. Advanced Materials, 2014, 26(29): 5031–5036.

[29] Liu X, Deng J, Jin M, et al. Cassegrain metasurface for generation of orbital angular momentum of light[J]. Applied Physics Letters, 2019, 115(22): 221102.

[30] Tang S, Ding F, Bozhevolnyi S I. Ultra-broadband microwave metasurfaces for polarizer and beam splitting[J]. Europhysics Letters, 2020, 128(4): 47003.

[31] Zhang A, Yang R. Manipulating polarizations and reflecting angles of electromagnetic fields simultaneously from conformal meta-mirrors[J]. Applied Physics Letters, 2018, 113(9): 091603.

[32] Shen Y, Yang J, Kong S, et al. Integrated coding metasurface for multi-functional millimeter-wave manipulations[J]. Optics Letters, 2019, 44(11): 2855–2858.

[33] Jia S L, Wan X, Su P, et al. Broadband metasurface for independent control of reflected amplitude and phase[J]. AIP Advances, 2016, 6(4): 045024.

[34] Xu H X, Hu G, Han L, et al. Chirality-assisted high-efficiency metasurfaces with independent control of phase, amplitude, and polarization[J]. Advanced Optical Materials, 2019, 7(4): 1801479.

[35] Karimipour M, Komjani N, Aryanian I. Holographic-inspired multiple circularly polarized vortex-beam generation with flexible topological charges and beam directions[J]. Physical Review Applied, 2019, 11(5): 054027.

[36] Zhang L, Liu S, Li L, et al. Spin-controlled multiple pencil beams and vortex beams with different polarizations generated by Pancharatnam-Berry coding metasurfaces[J]. ACS Applied Materials & Interfaces, 2017, 9(41): 36447–36455.

[37] Pu M, Chen P, Wang Y, et al. Anisotropic meta-mirror for achromatic electromagnetic polarization manipulation[J]. Applied Physics Letters, 2013, 102(13): 131906.

[38] Wu P C, Tsai W Y, Chen W T, et al. Versatile polarization generation with an aluminum plasmonic metasurface[J]. Nano Letters, 2017, 17(1): 445–452.

[39] Han B, Li S, Li Z, et al. Asymmetric transmission for dual-circularly and linearly polarized waves based on a chiral metasurface[J]. Optics Express, 2021, 29(13): 19643–19654.

[40] Luo W, Xiao S, He Q, et al. Photonic spin Hall effect with nearly 100% efficiency[J]. Advanced Optical Materials, 2015, 3(8): 1102–1108.

[41] Jiang S C, Xiong X, Hu Y S, et al. High-efficiency generation of circularly polarized light via symmetry-induced anomalous reflection[J]. Physical Review B, 2015, 91(12): 125421.

[42] Tymchenko M, Gomez-Diaz J S, Lee J, et al. Gradient nonlinear pancharatnam-berry metasurfaces[J]. Physical Review Letters, 2015, 115(20): 207403.

[43] Xu H X, Hu G, Li Y, et al. Interference-assisted kaleidoscopic meta-plexer for arbitrary spin-wavefront manipulation[J]. Light: Science & Applications, 2019, 8(1): 3.

[44] Liu C, Bai Y, Zhao Q, et al. Fully controllable Pancharatnam-Berry metasurface array with high conversion efficiency and broad bandwidth[J]. Scientific Reports, 2016, 6(1): 34819.

[45] Zhang A, Yang R. Anomalous birefringence through metasurface-based cavities with linear-to-circular polarization conversion[J]. Physical Review B, 2019, 100(24): 245421.

[46] Yang P, Yang R, Li Y. Dual circularly polarized split beam generation by a metasurface sandwich-based Fabry–Pérot resonator antenna in Ku-band[J]. IEEE Antennas and Wireless Propagation Letters, 2021, 20(6): 933–937.

[47] Marrucci L, Manzo C, Paparo D. Optical spin-to-orbital angular momentum conversion in inhomogeneous anisotropic media[J]. Physical Review Letters, 2006, 96(16): 163905.

[48] Zhang K, Yuan Y, Ding X, et al. Polarization-engineered noninterleaved metasurface for integer and fractional orbital angular momentum multiplexing[J]. Laser & Photonics Reviews, 2021, 15(1): 2000351.

[49] Guo W L, Wang G M, Luo X Y, et al. Ultrawideband spin-decoupled coding metasurface for independent dual-channel wavefront tailoring[J]. Annalen Der Physik, 2020, 532(3): 1900472.

[50] Ding G, Chen K, Jiang T, et al. Full control of conical beam carrying orbital angular momentum by reflective metasurface[J]. Optics Express, 2018, 26(16): 20990–21002.

[51] Yuan Y, Zhang K, Ratni B, et al. Independent phase modulation for quadruplex polarization channels enabled by chirality-assisted geometric-phase metasurfaces[J]. Nature Communications, 2020, 11(1): 4186.

[52] Meng X S, Wu J J, Wu Z S, et al. Design of multiple-polarization reflectarray for orbital angular momentum wave in radio frequency[J]. IEEE Antennas and Wireless Propagation Letters, 2018, 17(12): 2269–2273.

[53] Yang J, Zhang C, Ma H F, et al. Generation of radio vortex beams with designable polarization using anisotropic frequency selective surface[J]. Applied Physics Letters, 2018, 112(20): 203501.

[54] Zhang L, Liu S, Li L, et al. Spin-controlled multiple pencil beams and vortex beams with different polarizations generated by Pancharatnam-Berry coding metasurfaces[J]. ACS Applied Materials & Interfaces, 2017, 9(41): 36447–36455.

[55] Xu H X, Hu G, Li Y, et al. Interference-assisted kaleidoscopic meta-plexer for

arbitrary spin-wavefront manipulation[J]. Light: Science & Applications, 2019, 8(1): 3.

[56] Karimi E, Schulz S A, De Leon I, et al. Generating optical orbital angular momentum at visible wavelengths using a plasmonic metasurface[J]. Light: Science & Applications, 2014, 3(5): e167–e167.

[57] Wang W, Li Y, Guo Z, et al. Ultra-thin optical vortex phase plate based on the metasurface and the angular momentum transformation[J]. Journal of Optics, 2015, 17(4): 045102.

[58] Yue F, Wen D, Zhang C, et al. Multichannel polarization-controllable superpositions of orbital angular momentum states[J]. Advanced Materials, 2017, 29(15): 1603838.

[59] Luo W, Sun S, Xu H X, et al. Transmissive ultrathin Pancharatnam-Berry metasurfaces with nearly 100% efficiency[J]. Physical Review Applied, 2017, 7(4): 044033.

[60] Jiang Z H, Kang L, Hong W, et al. Highly efficient broadband multiplexed millimeter-wave vortices from metasurface-enabled transmit-arrays of subwavelength thickness[J]. Physical Review Applied, 2018, 9(6): 064009.

[61] Zhang Y, Liu W, Gao J, et al. Generating focused 3D perfect vortex beams by plasmonic metasurfaces[J]. Advanced Optical Materials, 2018, 6(4): 1701228.

[62] Li Z, Liu W, Li Z, et al. Tripling the capacity of optical vortices by nonlinear metasurface[J]. Laser & Photonics Reviews, 2018, 12(11): 1800164.

[63] Xie R, Zhai G, Wang X, et al. High-efficiency ultrathin dual-wavelength pancharatnam-berry metasurfaces with complete independent phase control[J]. Advanced Optical Materials, 2019, 7(20): 1900594.

[64] Ji C, Song J, Huang C, et al. Dual-band vortex beam generation with different OAM modes using single-layer metasurface[J]. Optics Express, 2019, 27(1): 34–44.

[65] Tang S, Cai T, Liang J G, et al. High-efficiency transparent vortex beam generator based on ultrathin Pancharatnam–Berry metasurfaces[J]. Optics Express, 2019, 27(3): 1816–1824.

[66] Ding G, Chen K, Luo X, et al. Dual-helicity decoupled coding metasurface for independent spin-to-orbital angular momentum conversion[J]. Physical Review Applied, 2019, 11(4): 044043.

[67] Akram M R, Mehmood M Q, Bai X, et al. High efficiency ultrathin transmissive metasurfaces[J]. Advanced Optical Materials, 2019, 7(11): 1801628.

[68] Akram M R, Ding G, Chen K, et al. Ultrathin single layer metasurfaces with ultra-wideband operation for both transmission and reflection[J]. Advanced Materials, 2020, 32(12): 1907308.